Chemie

WISSENSCHAFTLICHE TASCHENBÜCHER

MARTIN FINKE
WALTER LEIPNITZ

Moderne Methoden der Erdölanalyse

AKADEMIE-VERLAG · BERLIN

THEORIA CUM PRAXI

WTB

BAND 24

Martin Finke
Walter Leipnitz

Moderne Methoden der Erdölanalyse

Mit 20 Abbildungen und 7 Tabellen

AKADEMIE-VERLAG · BERLIN

1964

Reihe CHEMIE

Herausgegeben im Auftrage der Sektion Chemie
bei der Deutschen Akademie der Wissenschaften zu Berlin

von:

Prof. Dr. H. Klare, Teltow-Seehof,
Prof. Dr.-Ing. Dr. h. c. E. Leibnitz, Berlin,
Prof. Dr.-Ing. Dr. h. c. K. Schwabe, Dresden,
Prof. Dr. Dr. h. c. E. Thilo, Berlin

Verantwortlicher Herausgeber dieses Bandes:

Prof. Dr.-Ing. Dr. h. c. E. Leibnitz

Verfasser:

Dr. M. Finke,
Institut für Verfahrenstechnik der organischen Chemie
der Deutschen Akademie der Wissenschaften, Leipzig

Dr. W. Leipnitz,
Erdölverarbeitungswerk Schwedt/Oder

Erschienen im Akademie-Verlag GmbH,
Berlin W 8, Leipziger Straße 3–4

Lizenznummer: 202 100/453/64
Gesamtherstellung: VEB Druckhaus „Maxim Gorki", Altenburg
Bestellnummer: 7024
ES 18 C 5 / 20 M 4
Preis: MDN 8,–

Inhaltsverzeichnis

Vorwort

Nach der ersten genutzten Erdölbohrung im Jahre 1859 in Titusville/USA hat die Erdölförderung in der Welt heute einen riesigen Umfang erreicht und ist noch ständig im Wachstum begriffen.

Auch in der Deutschen Demokratischen Republik gewinnt der Rohstoff Erdöl in zunehmendem Maße an Bedeutung, so daß sich eine allmähliche Umstellung der Chemieindustrie vom Rohstoff Braunkohle auf den Rohstoff Erdöl anbahnt. Dazu trägt nicht zuletzt der immer größer werdende Import an sowjetischen Erdölen bei.

Zu einer ökonomischen Verarbeitung des Rohöles zu Halbfabrikaten, Fertigprodukten und petrolchemischen Rohstoffen gehören zwangsläufig gut durchgearbeitete Analysenmethoden, die Aussagen über die Eigenschaften der Roh- und Fertigprodukte gestatten.

Mit dem vorliegenden Band der „Wissenschaftlichen Taschenbücher“ soll der Versuch unternommen werden, derartige Analysenmethoden zusammenfassend darzustellen. Dabei wurden bewußt nur die Teile der theoretischen Grundlagen erwähnt, die bei der praktischen Ausführung der Methoden unbedingt notwendig sind, da eine tiefergehende Beschreibung den Rahmen des Bandes gesprengt hätte. Vielmehr wurde versucht, die Anwendungsmöglichkeiten der Methoden auf Probleme der Erdöl- bzw. Kohlenwasserstoffanalyse herauszuarbeiten.

Im ersten Teil des Bandes wurden in gedrängter Form die herkömmlichen Methoden zur Charakterisierung von Rohölen und deren ersten Verarbeitungsprodukten zusammengestellt, die nach wie vor in den Erdölverarbeitungswerken ihre Bedeutung behalten haben.

Der zweite Teil des Bandes beschäftigt sich mit solchen modernen Analysenmethoden, die geeignet erscheinen, tiefere Aussagen über die Inhaltsstoffe von Erdölen und Erdölfraktionen zu geben.

Die Verfasser sind sich dabei im klaren darüber, daß diese Zusammenstellung keinen Anspruch auf Vollständigkeit erheben kann, geht doch die Zahl der Arbeiten solchen Inhalts weit über den Rahmen dieses Büchleins hinaus. Jedoch hoffen die Verfasser, dem interessierten Leser Anregungen für eine eigene intensivere Beschäftigung mit den angeschnittenen analytischen Problemen geben zu können.

Leipzig, im November 1963

M. Finke
W. Leipnitz

Teil I: Allgemeine Kennzeichnung von Erdölprodukten

1. Kennzeichnung von Rohölen

Gegenwärtig werden riesige Mengen Erdöl verarbeitet. Dennoch interessieren die verarbeitende Industrie im allgemeinen nur einige wenige Kennzahlen der Rohöle wie Siedeverlauf, Salz- und Wassergehalt, die Menge an gelösten Gasen, Dichte und Gehalt der Schlüsselfraktionen an Paraffinen und Naphthenen zur Bestimmung des Charakters, nicht aber der Gehalt an einzelnen Kohlenwasserstoffen im Gemisch. Die Rohölanalyse beschränkt sich auf die Bestimmung solcher Werte, die über die bei der Verarbeitung notwendige Technologie sowie der zu erwartenden Produkte eine grobe Abschätzung zulassen.

1.1. Siedeverlauf

Aus der *Siedekurve*, die das Gebiet vom gasförmigen Kohlenwasserstoff bis zu den Schmierölen überstreicht, kann man die Zusammenhänge zwischen zu erwartender Treib-, Schmierstoff- und Bitumenmenge gut ersehen. Die Fahrweise der Destillationskolonnen in der Raffinerie läßt sich damit überschlagsmäßig im voraus bestimmen

Das Siedeverhalten kann auf verschiedene Weise geprüft werden, wobei einzelne Verfahren als Standardmethoden Eingang in die Rohölanalyse gefunden haben. Zu erwähnen sind die Destillation nach ENGLER-UBBELOHDE [1], die unter Normaldruck verläuft und etwa bis 350° Siedepunkt verwendbar ist, die Destillation nach A.S.T.M. D 285-41 [1], die der Englerdestillation sehr ähnlich ist und die Destillation nach HEMPEL, U. O. P. Methode E–77/40, [1], bei der eine wesentlich größere Menge

Erdöl eingesetzt wird, bis zu 0,8 l, als bei den zuvor erwähnten Methoden. Durch diese Methoden ist nur der Gehalt an Benzin, Leuchtöl und Dieselkraftstoff feststellbar.

Wesentlich wichtiger sind die Methoden zur Ermittlung des wahren Siedeverlaufs.

Der wahre Siedeverlauf oder auch *wahre Siedekurve* ist die Beziehung zwischen Dämpfetemperatur und übergegangener Destillatmenge in Vol.-% bei unendlich scharfer Fraktionierung unter Vermeidung jedweder Destillationsverluste. Von den vielen zur Bestimmung der wahren Siedekurve angegebenen Varianten soll nur auf die Methode und Apparatur nach GROSSE-OETRINGHAUS [1] näher eingegangen werden. Diese Apparatur hat vor anderen den Vorteil, daß das Erdöl ohne Unterbrechung destilliert werden kann, ohne die Notwendigkeit eines Apparatewechsels. Sämtliche Maße und Betriebsbedingungen sind nach DIN 51567 festgelegt (die entsprechende TGL-Vorschrift befindet sich noch in Bearbeitung), damit verschiedene Benutzer dieser Apparatur immer unter den gleichen apparativen Bedingungen arbeiten können. Die Durchführung der Destillation ist ebenfalls vorgeschrieben. So werden aus 1000 g Rohöl mit einer Destillationsgeschwindigkeit von 200 ml/h der Benzinanteil bis 180° ohne Vakuum abdestilliert. Mit gleicher Destillationsgeschwindigkeit, jedoch bei einem Druck von nur 50 Torr, werden dann die Gasölanteile bis 350° abgetrennt. Die Schmierölanteile schließlich werden bei 1 Torr abdestilliert, bis im Sumpf eine Temperatur von ca. 360° herrscht. Die im Rohöl gelösten Gase bzw. die durch Krackung im Vakuum entstehenden Gase werden in einer mit CO_2/Äthanol gekühlten Frierfalle gesammelt.

1.2. Salz- und Wassergehalt

Durch das Vorkommen bedingt, enthält Erdöl immer etwas *Randwasser* in Form einer Emulsion, die durch Demulgatoren (z. B. Dispersal B 0) oder auch auf elektrischem Wege vor der Destillation zerstört werden muß. Zur Kontrolle der Entsalzung — das Randwasser ist stets eine Salzlösung — werden standardisierte Methoden verwendet.

1.2.1. Wassergehalt

Nach DIN 53656 erfolgt die *Wassergehaltsbestimmung* mit Xylol als Schleppmittel nach der Destillationsmethode an 20—100 g Rohöl.

1.2.2. Salzgehalt

Der *Gehalt an NaCl* wird nach I.P.–77/49 P durch Extraktion von 100 m*l* Rohöl mit Wasser und Aceton und Titration der Extrakte mit $AgNO_3$ unter Verwendung von Kaliumchromat als Indikator bestimmt.

1.3. Gehalt an gelösten Kohlenwasserstoffgasen

Der Gehalt an gelösten Gasen mit 1 bis 4 C-Atomen läßt sich am besten durch Erhitzen einer bestimmten Menge Erdöl auf ca. 100° ermitteln. Die entweichende Gasmenge wird in einem graduierten Gefäß in einer pneumatischen Wanne aufgefangen. Als Sperrflüssigkeit dient eine gesättigte Kochsalzlösung.

1.4. Dichtebestimmung

Die Ermittlung der *Dichte* erfolgt nach A. S. T. M. D 891–46 (T) mit der Mohr-Westphalschen Waage mit genügender Genauigkeit. Aus der Dichte kann man grob auf die Menge des zu erwartenden Destillationsrückstandes schließen. Je mehr die Dichte nach Werten um 1 tendiert, desto reichlicher ist Bitumen im Rohöl enthalten. Die Dichten der Rohöle liegen zwischen 0,73 bei benzinreichen und 1,06 bei sehr bitumenhaltigen.

1.5. Schwefelgehalt

Der *Schwefelgehalt* der Rohöle wird am besten nach der Bombenmethode von A. S. T. M. D 129–49 oder I. P. 61/49 bestimmt.

1.6. Klassifizierung des Rohöls nach Schlüsselfraktionen

Die Feststellung des „*Charakters*“ oder der „Basis“ eines Erdöls ist wichtig, da hiermit über den Gebrauchswert der zu erwartenden Fertigprodukte und der einzuhaltenden Arbeitsweise eine Aussage möglich ist.

Man unterscheidet in der Hauptsache 3 Gruppen, *paraffinbasisch*, *gemischtbasisch* und *naphthenbasisch*, in die sich ca. 85% aller Rohöle einordnen lassen. Zur Einordnung wird die Siedepunkt-Dichte-Beziehung zweier sog. *Schlüsselfraktionen* benutzt. Schlüsselfraktionen sind die zwischen 250 und 275° bei Normaldruck über eine Kolonne siedende Fraktion und die bei 275—300° bei einem Druck von 40 Torr ebenfalls über eine Kolonne siedende Fraktion. Von diesen beiden Fraktionen wird die Dichte ermittelt.

Die Kennzeichnung erfolgt nach Tabelle 1.

Tabelle 1. Dichten der Schlüsselfraktionen

	I		II	
paraffinbasisch	d/15	< 0,825	d/15	< 0,876
gemischtbasisch	d/15	0,825 – 0,860	d/15	0,876 – 0,934
naphthenbasisch	d/15	> 0,860	d/15	> 0,934

Daraus ergeben sich neun Kombinationen, von denen aber nur drei am häufigsten vertreten sind, und zwar die

Fälle, bei denen die Dichtewerte der beiden Schlüsselfraktionen in die gleiche waagerechte Gruppe fallen.

Die Bewertung eines Rohöls erfolgt in erster Linie auf Grund des Benzingehaltes und der Quantität und Qualität der Schmieröle. Für die meisten Zwecke sind die Rohöle naphthenbasischen Charakters die bestgeeigneten.

Etwa zwei Drittel aller auf der Welt vorkommenden Rohöle sind gemischtbasisch. Vom restlichen Drittel entfallen etwa $^5/_6$ auf Rohöle naphthenbasischer Natur.

2. Analytik der Gase

Zu den Gasen, die entweder allein oder mit Erdöl gemeinsam gefunden werden, zählen Methan, Äthan, Propan, Butan, Isobutan, in seltenen Fällen auch Helium. In Raffinerien können außerdem noch Äthylen, Propylen, Acetylen, die isomeren Butene, Butadien und Wasserstoff hinzukommen.

Als Verunreinigungen sind Stickstoff, Sauerstoff, Kohlenmonoxid, Kohlendioxid, Ammoniak, Merkaptane und Schwefelwasserstoff in mehr oder weniger großer Menge anwesend.

Bis auf Propan, Butan und Isobutan, die sowohl flüssig (Flüssiggas) als auch gasförmig verwendet werden, werden die angeführten Bestandteile gasförmig verwendet.

2.1. Chemische Prüfungen

Die chemischen Prüfungen finden hauptsächlich zur Bestimmung der Verunreinigungen wie Schwefelgehalt, Schwefelwasserstoff, Ammoniak usw. statt und werden nach den verschiedensten Methoden durchgeführt, die aber nicht hier angeführt werden können.

2.2. Bestimmung der einzelnen Komponenten

2.2.1. durch Destillation

Zur Feststellung der Menge bzw. überhaupt der Anwesenheit der einzelnen Kohlenwasserstoffe im Gas wird die Siedeanalyse — eine *Tieftemperaturdestillation* — durchgeführt, wobei sich besonders zwei Geräte bewährt haben.

Einmal das Gerät nach PODBIELNIAK — vollautomatisiert und registrierend — und zum anderen die sog. LEUNA-Kolonne, die zur Erhöhung des Trenneffektes bei vermindertem Druck betrieben wird.

In beiden Fällen wird die gasförmige Probenmenge in die Destillationsblase eingeleitet und dort unter Kühlen mit flüssigem Stickstoff kondensiert. Durch langsames Erwärmen erfolgt anschließend die Destillation. Die einzelnen Komponenten fallen am Kolonnenkopf flüssig an, werden abgezogen, verdampft und im gasförmigen Zustand in evakuierte Gefäße geleitet. Aus dem bekannten Volumen der Gefäße und dem sich einstellenden Druck läßt sich die Menge der einzelnen Komponenten in Vol.-% der Ausgangsmenge berechnen.

2.2.2. durch Gas-Chromatographie

Als schnellste und modernste Methode steht die Gas-Chromatographie zur Analyse der Gase zur Verfügung. Die Vorteile dieser Methode gegenüber der Siedeanalyse sind eine geringe Probenmenge von 1—20 m*l*, hohes Auflösungsvermögen, große Analysengeschwindigkeit und Genauigkeit bei quantitativen Messungen.

Über die Methode und apparativen Voraussetzungen wird im Kapitel 1.2. des Teiles II berichtet werden. Hier soll nur etwas über die zur Trennung verwendeten Stoffe und die damit erreichbaren Ergebnisse gesagt werden.

Für die permanenten Gase kommt in der Hauptsache nur die Adsorptions-Gas-Chromatographie in Frage. Als Adsorbentien fungieren Silikagel B, Aluminiumoxid, Aktivkohle und Molekularsiebe [2]. Auch für die gasförmigen Kohlenwasserstoffe mit bis zu vier C-Atomen lassen sich die genannten Adsorbenten benutzen, wobei die hohe Aktivität derselben durch teilweise Beladung mit einer flüssigen Phase, beispielsweise Squalan, so stark herabgesetzt wird, daß die Kohlenwasserstoffe in kürzerer Zeit und als symmetrische Banden aus der Trennsäule austreten.

Die Prüfung von Flüssiggasen durch Gas-Chromatographie ist in der TGL 10326 festgelegt.

3. Kennzeichnung der Kraftstoffe

3.1. Flüssiggas

Für Flüssiggas, dem Gemisch aus Propan, n-Butan und i-Butan, das vielerorts als Kraftstoff verwendet wird, gilt das unter Abschnitt 2 Gesagte. Bei Untersuchungen kommen die in dem TGL 0–51610 bis 0–51617 festgelegten Prüfverfahren in Frage.

3.2. Vergaserkraftstoff

Als *Vergaserkraftstoffe* werden Kohlenwasserstoffgemische bezeichnet, die einen Siedebereich von ca. 40 bis 200° besitzen und die Kohlenwasserstoffe mit vier bis elf C-Atomen enthalten.

Diese Gemische werden im Vergaser des Ottomotors dem angesaugten Luftstrom flüssig zugesetzt und auf dem Weg zum bzw. im Zylinder verdampft und nach der Kompression durch Funkenzündung zur Verbrennung gebracht.

Die wichtigste zu prüfende Eigenschaft eines Vergaserkraftstoffs neben Dampfdruck, Oxydationsbeständigkeit, Flammpunkt, Zündpunkt, Heizwert, Schwefelgehalt und Siedeverhalten ist die *Klopffestigkeit*, unter der die Neigung des Benzin-Luft-Gemisches verstanden wird, sich vor der Einleitung der Verbrennung durch Funkenzündung bei der Kompression mit charakteristischen Tönen — eben dem Klopfen — zu entzünden. Je größer die Klopffestigkeit ist, desto stärker kann der Kraftstoff belastet werden, das bedeutet unter anderem schnelleres Beschleunigen und mehr Motorleistung bei gleichem Hubraum oder erhöhter Verdichtung.

Um die Klopffestigkeit von Vergaserkraftstoffen bewerten zu können, legte man um 1920 eine willkürlich gewählte Maßzahl, die *Oktanzahl*, fest. Da diese Zahl keine physikalische Grundlage besitzt, ist in neuerer Zeit viel Kritik daran geübt worden, jedoch ohne etwas überzeugend Besseres vorzuschlagen. Für den praktischen Gebrauch hat sich die Oktanzahl bisher für normale Kraftstoffe bestens bewährt.

Die in ihren physikalischen Eigenschaften weitestgehend übereinstimmenden Kohlenwasserstoffe 2,2,4-Trimethylpentan — kurz als Isooktan bezeichnet — und n-Heptan haben einen sehr großen Klopfneigungsunterschied. Letzteres klopft schon bei geringen Belastungen sehr stark. Definitionsgemäß erhielt n-Heptan 0 und Isooktan 100 als Gütezahl der Klopffestigkeit. Mischungen beider Komponenten, die als *Urbezugskraftstoffe* bezeichnet werden, haben einen sich zwischen 0 und 100 bewegenden Wert, der gleichzeitig dem prozentualen Gehalt an Isooktan entspricht und als Oktanzahl allgemein bekannt ist.

In besonderen für diesen Zweck eingerichteten und standardisierten Einzylindermotoren, bei denen durch Verschiebung des Zylinders gegenüber dem Kolben die Verdichtung geändert werden kann, wird die Klopfneigung von Benzinen unter genormten Bedingungen mit der von Eichmischungen oder Meßkraftstoffen verglichen.

Die Bedingungen dieses Prüfverfahrens sind in den Normvorschriften A. S. T. M. D 908 bzw. D 357 und DIN und TGL 51756 sowie GOST 8226–61 und GOST 511–61 festgelegt. Im allgemeinen gibt es für einen Kraftstoff drei unter verschiedenen Bedingungen gewonnene Werte der Oktanzahl.

Der am meisten bekannte Oktanzahlwert ist die *Research-Oktanzahl* (ROZ). Bei diesem Verfahren hat die Ansaugluft des Prüfmotors Raumtemperatur. Die *Motor-Oktanzahl* (MOZ), die mit einem Prüfmotor mit vorgewärmter Ansaugluft ($t \sim 150°$) bestimmt wird, liegt gegenüber der ROZ um 4—12 Einheiten tiefer infolge der erheblich höheren Belastung.

Der Unterschied zwischen ROZ und MOZ wird als *Empfindlichkeit E* bezeichnet und charakterisiert das Verhalten eines Kraftstoffes unter verschiedenen Belastungen. Je kleiner *E* ist, desto größer kann bei gleich guten Leistungen der Belastungsbereich gewählt werden.

Seit einiger Zeit wird auch noch die *Straßen-Oktanzahl* (SOZ) bestimmt. Hierzu wird ein Serienwagen im höchsten Gang bei voller Drosselöffnung auf der Straße von 25 auf etwa 95 km/h beschleunigt und die Grundeinstellung der Vorzündung festgestellt, bei der gerade Klopfen auftritt. Durch Messungen mit Eichkraftstoffmischungen erhält man eine Kurve Vorzündung gegen Gehalt an Isooktan in der Eichmischung, aus der die SOZ eines unbekannten Gemisches nach Fahrversuchen entnommen werden kann.

Bei Kraftstoffen normaler Zusammensetzung liegt die SOZ etwas niedriger als die ROZ, aber wesentlich höher als die MOZ. Bei Alkylatbenzinen aber beispielsweise ist die SOZ noch etwas höher als die ROZ.

Es hat nicht an Versuchen gefehlt, die drei nach verschiedenen Methoden erhaltenen Oktanzahlen durch Formeln miteinander zu koppeln, um eine aus der anderen errechnen zu können. Sie sind jedoch unbefriedigend geblieben.

Nicht zufriedenstellend sind auch Arbeiten geblieben, durch die die teuren Versuche mit Prüfmotoren durch andere Verfahren ersetzt werden sollten. So hat sich z. B. die Berechnung der Oktanzahl eines Benzins aus den Oktanzahlen der Einzelkomponente und dem Gehalt an denselben als zu ungenau erwiesen, da die Beiträge der einzelnen Kohlenwasserstoffe nicht additiv sind.

Bei *Flugkraftstoffen*, die meistens ROZ über 100 besitzen, werden die Bestimmungen in der Weise durchgeführt, daß eine Mischung aus Kraftstoff mit einer ROZ 70 und Flugkraftstoff im Prüfmotor eingesetzt wird. Auf einfache Weise ergibt sich dann der angenäherte Wert der Oktanzahl des Flugkraftstoffes. Oktanzahlen über 100 lassen sich auch auf einfache Art durch Vergleich mit Isooktan-Bleitetraäthyl-Mischungen bestimmen. Sie werden dann als Leistungszahl *PN* (Performance Number) bezeichnet, die Werte zwischen 100 und 160 einnehmen kann. Die Durchführung der Bestimmungen erfolgt ebenfalls mit dem oben erwähnten Prüfmotor, aber nach den in den A. S. T. M.-Vorschriften D 614, D 909, sowie GOST 3338–61 und 3337–52 festgelegten Bedingungen.

In den TGL 0–51750, 0–51751, 0–51753, 0–51754, 0–51755, 14812, 13854, 0–51765, 0–51769, 0–51775, 0–51776, 0–51777, 0–51782 sind die Bedingungen festgelegt, unter denen Proben entnommen, Siedeverlauf, Dampfdruck, Flammpunktsbestimmung nach Abel-Pensky, Dichte, aktiver Schwefel, Doctortest, Gehalt an Bleitetraäthyl, der Anilinpunkt, Abdampfrückstand nach dem Aufblaseverfahren, Wassergehalt und Kältebeständigkeit bei Vergaserkraftstoffen durchgeführt werden müssen.

3.3. Düsenkraftstoff

Bei Treibstoffen für Brennraummotoren werden nur allgemeine Eigenschaften wie Siedegrenzen, Siedeverhalten, Dampfdruck, Flammpunkt, Stockpunkt, Dichte,

Wasseraufnahmevermögen, Viskosität bei tiefen Temperaturen und thermische Stabilität untersucht. Die genannten Kennzahlen reichen zur Charakterisierung des Produktes aus. Die an den Kraftstoff gestellten Anforderungen sind aus sicherheitstechnischen Gründen sehr eng gehalten.

Eine weitere, für diese Kraftstoffe typische Untersuchung ist die Bestimmung der *Luminosität*, das ist die Eigenschaft der Verbrennungsflamme, mehr oder minder hell zu leuchten.

Angestrebt wird eine nichtleuchtende Flamme, da die in einer leuchtenden Flamme glühenden Anteile Strahlungswärme abgeben, die einen starken Anstieg der Temperatur im Brennkammerinneren ohne Beitrag zur Motorleistung bewirken.

Die Luminosität einer Düsenkraftstoffflamme wird durch eine *Luminometerzahl* (LN, Luminometer Number) ausgedrückt, die um so niedriger liegt, je leuchtender die Flamme ist. Die LN wird durch Verbrennungsversuche mittels einer Fotozelle ermittelt. Als Vergleichskraftstoffe werden Isooktan (sehr geringe Luminosität) und Tetralin (sehr hohe Luminosität) verwendet.

Die allgemein üblichen Düsenkraftstoffe weisen LN zwischen 45 und 65 auf. Die Entwicklung geht aber auf Düsenkraftstoffe mit LN = 130 und höher hin.

3.4. *Dieselkraftstoff*

Auch bei diesem Kraftstoff, einem Mitteldestillat mit dem Siedebereich 240—360°, werden allgemeine Kennzahlen wie Dichte, Heizwert, Viskosität, Beginn der Paraffinausscheidung (BPA), Stockpunkt, Schwefelgehalt, Aschegehalt und Verkokungsneigung gemessen.

Besonders wichtig davon sind die Bestimmung des BPA wegen der Kältefestigkeit; des Aschegehalts, da der Kraftstoff durch Dosierpumpen, die gegen mechanische Verunreinigungen sehr empfindlich sind, in den Zylinder befördert wird; und der Verkokungsneigung wegen der Gefahr der Düsenverstopfung und Trompetenbildung an den Düsenöffnungen durch Koksrückstände.

Eine wichtige Kennzahl ist die *Zündwilligkeit*. Beim Dieselmotor wird der Kraftstoff flüssig in die durch Kompression im Zylinder hocherhitzte Luft gedrückt und verdüst. Nach einer gewissen Zeit, dem sog. Zündverzug, verbrennt der Kraftstoff ohne Fremdzündung. Die bei Vergaserkraftstoffen tunlichst zu vermeidende Eigenschaft, sich bei der Kompression selbst zu entzünden, ist beim Dieselkraftstoff unbedingt erforderlich. Die Zündwilligkeitsprüfung erfolgt wieder im Vergleich mit Kraftstoffen bekannter Zündwilligkeit. Als zündfreudige Komponente wird das Cetan verwendet, ein n-Paraffin mit 16 C-Atomen, dem analog dem Isooktan der Wert 100 zuerteilt wurde. Als zündträg wird α-Methylnaphthalin mit dem Wert 0 zugemischt.

Die Cetanzahl *CaZ* ergibt sich wieder aus den in der Mischung enthaltenen Volumen-% Cetan.

Die Zündwilligkeitsmessung wird in der Weise durchgeführt, daß entweder das Verdichtungsverhältnis direkt durch Änderung des Zylinderkopfvolumens oder indirekt durch Drosselung der Ansaugluftmenge so verändert wird, daß ein konstantes eingespritztes Kraftstoffvolumen sich immer am oberen Totpunkt entzündet. Die Zeit zwischen Einspritzung und Entzündung, der Zündverzug, wird konstant gehalten. Je höher die Verdichtung sein muß, um diesen bestimmten Zündverzug einzuhalten, desto niedriger ist die Cetanzahl. In den Normvorschriften A. S. T. M. D 613 und TGL 0–51 773 sind die Bedingungen der Cetanzahlprüfung festgelegt.

Die allgemein üblichen Dieselkraftstoffe weisen Cetanzahlen zwischen 45 und 55 auf.

Es hat nicht an Versuchen gefehlt, die Cetanzahl aus allgemeinen im Laboratorium bestimmbaren Kennzahlen zur Vermeidung der Motorversuche zu errechnen. Die wichtigsten zur Berechnung herangezogenen Kennzahlen sind Anilinpunkt, Dichte, Kombination aus Dichte und

Anilinpunkt, Anteile der Kohlenwasserstoffgruppen Paraffine, Naphthene und Aromaten.

Je niedriger der Anteil an cyclischen, besonders aromatischen Verbindungen ist, desto höher liegt der Anilinpunkt, desto niedriger ist die Dichte. Aräometer lassen sich diesem Zusammenhang entsprechend direkt in Cetanzahlen eichen, vorausgesetzt, daß Mitteldestillate aus Erdöl als Dieselkraftstoffe verwendet werden. In den USA ist der *Dieselindex*, der sich aus Dichte und Anilinpunkt errechnen läßt, der bekannteste Kennwert.

Bei Kenntnis der Gruppenzusammensetzung des Dieselkraftstoffes ist die Cetanzahl nach folgender Formel berechenbar:

$$CaZ = 0{,}85\,P + 0{,}1\,N - 0{,}2\,A\,,$$

in der P, N und A der Anteil der einzelnen Gruppen Paraffine, Naphthene und Aromaten bedeuten.

Besonders wichtige Prüfverfahren für Dieselkraftstoffe sind in den TGL 0-51772 (BPA), 0-51770 (Filtrierbarkeit), 0-51782 (Kältebeständigkeit), 0-51752 (Siedeverlauf) und 0-51551 (Verkokungsneigung) genau vorgeschrieben.

4. Kennzeichnung von Schmierölen

4.1. Allgemeines

Die Gruppe der Schmierstoffe umfaßt eine größere Zahl von Produkten aus der Mineralölindustrie, die völlig verschiedene physikalische Eigenschaften und chemische Struktur besitzen können. Ihnen allen gemeinsam ist jedoch die Aufgabe, die bei der Bewegung zweier Flächen aneinander entstehende trockene Reibung durch Ausbildung eines „*Schmierfilmes*" stark herabzusetzen und dadurch den Kraftaufwand und die Abnutzung der Gleitflächen zu vermindern.

4.2. Einteilung

Man kann die Schmieröle nach ihrer Herkunft in drei große Gruppen einteilen:

1. Fettschmieröle,
2. Mineralschmieröle,
3. Synthetische Schmieröle.

Fettschmieröle enthalten Substanzen polaren Charakters mit guten Grenzflächenaktivitäten; sie besitzen ausgezeichnete Schmierfähigkeit, sind aber wenig alterungsbeständig und deshalb wirtschaftlich unrentabel. Sie werden nur selten in reiner Form verwendet, sind aber als Zusatzstoffe für Mineralschmieröle sehr wertvoll, wenn es für kurze Zeit auf eine besonders gute Schmierwirkung ankommt (z. B. Zusatz von Rizinusöl in Rennmotoren).

Mineralschmieröle sind in der modernen Technik am weitesten verbreitet. Sie bestehen im wesentlichen aus Kohlenwasserstoffen, die aus Roherdöl durch Destillation und Raffination gewonnen werden. Gegenüber den Fettschmierölen zeichnen sie sich durch eine wesentlich höhere Alterungsbeständigkeit und einen geringeren Preis aus. Je nach der Art des eingesetzten Rohöles ergeben sich Unterschiede in der Eignung der Mineralschmieröle, die durch verschiedene Arten der Aufarbeitung (Raffinationsgrad) teilweise ausgeglichen werden können.

Zur Gruppe der *synthetischen Schmieröle* zählen Öle aus der Kohlehydrierung, aus der FISCHER-TROPSCH-Synthese, aus der Äthylenpolymerisation und die sog. Esteröle. Vor allem die beiden letzteren Öle haben sich infolge ihrer guten Alterungsbeständigkeit für Spezialzwecke (Turbinenöle, Hochdruckschmieröle) bestens bewährt.

4.3. *Das Wesen der Schmierung*

Es wurde schon angeführt, daß es Aufgabe der Schmieröle ist, Kraftaufwand und Materialverschleiß an Stellen herabzusetzen, wo durch mechanische Reibung derartige Verluste auftreten. PHILIPPOVICH [3] zeigt, daß die *Schmierung* kein einheitlicher Begriff ist, sondern sich aus sehr verschiedenartigen Vorgängen zusammensetzt. Je nach der Art des Zusammenwirkens von Schmierstoff, Schmierstelle und Werkstoff unterscheidet man Vollschmierung, Mischschmierung oder Teilschmierung. Ebenso wie jedoch die in der Technik auftretende Gesamtreibung die Summe einzelner Teilvorgänge (Trockenreibung, Grenzflächenreibung, Flüssigkeitsreibung) darstellt, ist die Gesamtschmierung die Summe analoger Teilvorgänge.

Die Schmierung in der Praxis erstrebt stets Vollschmierung oder sog. hydrodynamische Schmierung. Hier ist die Viskosität des Schmieröles die maßgebliche Stoffeigenschaft. Jedoch wird dieser Idealfall meist nicht erreicht und es herrscht ein Zustand der Teilschmierung oder Mischschmierung, wobei dann die Schmierfilmbildung durch Haftkräfte bewirkt wird, die auf der Polarität der Schmiermittelmolekeln beruhen (Oberflächenspannung, Benetzung, Adsorptionsfähigkeit).

4.4. *Viskosität*

4.4.1. *Allgemeines*

Aus dem bisher Gesagten ergibt sich zwangsläufig, daß neben der chemischen Struktur des Schmierstoffes (Polarität) die *Viskosität* eine entscheidene Rolle spielt. Bei der Untersuchung von Schmierölen wird deshalb stets die Bestimmung dieser Größe sowie ihrer Temperaturabhängigkeit an der Spitze aller Prüfmethoden stehen.

Nach NEWTON ist die zwischen zwei strömenden Schichten auftretende Schubspannung τ dem Geschwindigkeitsgradienten $\frac{\delta v}{\delta y}$ senkrecht zur Strömungsrichtung proportional:

$$\tau = \eta \cdot \frac{\delta v}{\delta y},$$

der Proportionalitätsfaktor η heißt die dynamische Viskosität und entspricht der Kraft, die, bezogen auf 1 cm^2, der Bewegung einer Flüssigkeitsschicht entgegenwirkt, die mit der Geschwindigkeit 1 cm/sek. parallel zu einer im Abstande von 1 cm befindlichen ruhenden Flüssigkeitsschicht vorbeigeführt wird. Diese Proportionalität gilt streng jedoch nur für die laminare Strömung Newtonscher Flüssigkeiten. Es soll hier nur darauf hingewiesen werden, daß bei Schmierölen diese Proportionalität durch verschiedene Ursachen (Struktur der Moleküle, Ausscheidung fester Teilchen, Zerbrechen von Molekülen bei hohen Schergeschwindigkeiten) ausgeschaltet oder verhindert wird. Alle beim Fließen ablaufenden sehr verwickelten Vorgänge sind Gegenstand einer eigenen Wissenschaft geworden, die man als *Rheologie* bezeichnet. Auf sie soll aber in diesem Rahmen nicht weiter eingegangen werden. Bei der Bestimmung der Viskosität muß man zwischen der dynamischen (absoluten) Viskosität und der kinematischen (relativen) Viskosität unterscheiden. Beide stehen zueinander in einer einfachen Beziehung:

$$\textit{Kinematische Viskosität } \nu = \frac{\textit{Dynamische Viskosität } \eta}{\textit{Dichte } \varrho}.$$

4.4.2. *Meßmethoden*

4.4.2.1. *Auslaufviskosimeter*

Ursprünglich wurden zur Bestimmung der Viskosität die Auslaufzeiten einer Flüssigkeit im Vergleich zu der einer Standardflüssigkeit (Wasser, Furfurol) unter gleichen

Bedingungen gemessen. Hierzu gehören das ENGLER-Viskosimeter (DIN 51 560, kein TGL-Ersatz), das SAYBOLT-Universal-Viskosimeter (ASTM–D 88–56) und die REDWOOD-Viskosimeter (JP 70/55). Hierbei werden nur spezifische Viskositätszahlen erhalten, die für das jeweilige Gerät charakteristisch sind (ENGLER-Grade, SAYBOLT-Sekunden, REDWOOD-Sekunden) und mit geeigneten Faktoren ineinander umgerechnet werden können.

4.4.2.2. Absolutviskosimeter

Hierin werden die Fließzeiten der Flüssigkeiten in einer Glaskapillare bekannter Länge und bestimmten Durchmessers bei festliegendem Druck gemessen. Sie ermöglichen die Bestimmung der dynamischen oder kinematischen Viskosität. Zu dieser Gruppe gehören das Viskosimeter nach UBBELOHDE (TGL 0–51 562), nach VOGEL-OSSAG (TGL 0–51 561) sowie das Kugelfallviskosimeter nach HÖPPLER [DIN 53 015 (die entsprechende TGL-Vorschrift befindet sich in Bearbeitung)], bei dem die Fallzeit einer Kugel in einem mit dem Öl gefüllten Glaszylinder gemessen wird. Außerdem gehören zu dieser Gruppe die sog. Rotationsviskosimeter, in denen das Drehmoment bestimmt wird, das von einem rotierenden mit dem Öl gefüllten Hohlkörper auf einen konzentrisch darin angeordneten Zylinder durch das Öl übertragen wird (z. B. COUETTE-Viskosimeter).

4.4.3. Temperaturabhängigkeit der Viskosität

Ein Schmieröl wird um so dünnflüssiger, je höher seine Temperatur ansteigt. Umgekehrt steigt mit fallender Temperatur die Viskosität an, bis beim Stockpunkt ein freies Fließen überhaupt aufhört. Die Viskositätsänderung mit der Temperatur ist aber je nach der Zusammensetzung des Schmieröles unterschiedlich stark. Die *VT*-

Abhängigkeit ergibt nach Ubbelohde, Walter und Umstätter [4] eine Gerade, wenn V in doppelter und T in einfacher logarithmischer Teilung aufgetragen wird. Man bestimmt also bei 3 bis 4 verschiedenen Temperaturen die Viskositäten und hat dann in der Neigung der entstehenden Geraden ein Maß für die Temperaturabhängigkeit des Öles. Je steiler die Gerade, desto schlechter ist das Öl und umgekehrt. Dem Idealfall einer horizontalen Geraden kommen die Silikonöle am nächsten, jedoch stehen ihr hoher Preis und die teilweise noch unbefriedigenden Schmiereigenschaften ihrer universellen Anwendung entgegen.

Zur Charakterisierung des VT-Verhaltens mit einer einzigen Kennzahl sind zahlreiche Versuche unternommen worden, die jedoch hier nicht im einzelnen erörtert werden sollen [3]; lediglich der Viskositätsindex (VJ) soll erwähnt werden [5]. Er ist Gegenstand der TGL 17748 und wählt als Vergleichsöle ein sehr gutes mit flacher VT-Geraden und ein sehr schlechtes mit steiler VT-Geraden aus und setzt willkürlich dafür $VJ = 100$ bzw. $VJ = 0$ fest. Alle untersuchten Öle werden nun mit diesen beiden Ölen verglichen. Je höher der VJ ist, desto besser wird das Öl beurteilt. Allerdings gibt es heute bereits Öle mit $VJ > 100$, was auf verbesserte Technologien und die Anwendung von Schmierölzusätzen zurückzuführen ist.

4.5. *Flammpunkt*

Als Flammpunkt wird diejenige Temperatur eines Öles bezeichnet, bei der sich aus dem Öl unter genau festgelegten Versuchsbedingungen so viel Dämpfe entwickeln, daß das Gemisch aus Öldämpfen und Luft bei Annäherung einer Zündflamme entzündet wird. Die Flammpunktbestimmung von Schmierölen erfolgt bei Ölen meist nach der Methode von Marcusson (TGL FB 139). Die Ölprobe wird im offenen Tiegel gleichmäßig erhitzt und die Zündflamme in festgelegten Abständen der Oberfläche genähert.

Der niedrigste, in den gesetzlich festgelegten Mindestanforderungen enthaltene Flammpunkt für niedrigviskose Schmieröle liegt bei 100°. Allgemein steigt mit der Viskosität des Öles (d. h. der Siedelage) auch der Flammpunkt an (TGL 11871). Ein normales Maschinenöl mit etwa 32 *cP* bei 50° soll danach einen Flammpunkt von mindestens 150° besitzen.

Bei der Prüfung gebrauchter Schmieröle gestattet die Bestimmung des Flammpunktes wichtige Rückschlüsse auf evtl. eingedrungene leichtflüchtige Bestandteile (Benzin).

4.6. Stockpunkt

Eine weitere wichtige Kennzahl für Schmieröle ist der Stockpunkt. Bei dieser Temperatur hört das Fließvermögen eines Öles völlig auf, da die im Öl enthaltenen Paraffine auskristallisieren, sich zu einem dichten Kristallgerüst zusammenlagern und die flüssig gebliebenen Ölanteile in sich festhalten. Natürlich sind die zulässigen Stockpunkte je nach dem Verwendungszweck des Öles verschieden. So müssen Öle für Winterbetrieb niedrigere Stockpunkte aufweisen als die für Sommerbetrieb geeigneten. Die Bestimmung des Stockpunktes erfolgt nach TGL 0–51583 oder ASTM D 97/47 in der Weise, daß das Öl in einem Prüfglas mit Thermometer langsam abgekühlt wird, bis bei waagerechter Haltung des Glases das Öl 10 Sekunden lang keine Bewegung der Oberfläche zeigt.

Gleichzeitig mit dem Stockpunkt wird in demselben Arbeitsgang der *Trübungspunkt* als diejenige Temperatur bestimmt, bei der sich das Öl infolge der beginnenden Paraffinausscheidung zu trüben beginnt. Es ist leicht einzusehen, daß der Trübungspunkt stets oberhalb des Stockpunktes liegen muß. Die in den Mindestanforderungen für Schmieröle festgelegten Stockpunkte liegen zwischen + 5 und – 25 °C.

4.7. Weitere Kennzahlen

Neben den erwähnten Kennwerten Viskosität, Flammpunkt und Stockpunkt, die wichtige Zahlen für die Eignung eines Öles für einen bestimmten Zweck darstellen, muß ein Schmieröl noch andere Eigenschaften besitzen, die für die volle Wirksamkeit an der Schmierstelle notwendig sind. Zur Verhütung von Korrosionen dürfen weder Säuren, noch feste Fremdstoffe oder Hartasphalt und Aschebildner in ihnen enthalten sein. Deshalb sind alle Schmieröle harten Bedingungen in bezug auf die Anwesenheit derartiger Bestandteile unterworfen, und die Prüfung darauf gehört zum festen Bestandteil jedes Mineralöllaboratoriums. Während Viskosität, Flammpunkt und Stockpunkt in weiten Grenzen variiert werden können (je nach Verwendungszweck), sind für die genannten Kennzahlen für alle Schmieröltypen ähnliche Güteforderungen aufgestellt worden.

Die *Neutralisationszahl* (TGL VO-51558) bestimmt durch Titration mit KOH die Gesamtmenge freier Säuren in einem Öl. Sie liegt im allgemeinen zwischen 0,05 bis 0,3 mg KOH/g Öl, nur bei Ölen geringerer Qualität (Achsenöle) sind bis zu 3 mg/g zugelassen.

Der *Wassergehalt* in Ölen kann auf verschiedene Weise bestimmt werden. Allgemein üblich ist die Bestimmung mit der Xylolmethode (TGL 0-51582). Hierbei wird eine Ölprobe mit Xylol azeotrop entwässert, in einem kalibrierten Rohr scheidet sich das Wasser klar vom Xylol und kann dann abgelesen werden. Angabe erfolgt in % der Ölmenge. Genauere Ergebnisse liefert die maßanalytische Methode nach KARL-FISCHER (TGL 0-51777), bei der die Probelösung in Methanol gelöst und mit einer Mischlösung aus Jod, Schwefeldioxyd, Pyridin und Methanol titriert wird. Die Anzeige des Umschlagpunktes erfolgt vorteilhaft elektrometrisch. Die Methode ist vor allem für sehr geringe Wassergehalte vorgesehen und liefert sehr genaue Werte. Schließlich kann nach DIN

51552 (die entsprechende TGL-Vorschrift liegt gegenwärtig erst im Entwurf vor) der Wassergehalt auch mit P_2O_5 bestimmt werden. Allgemein darf der Wassergehalt eines Schmieröles nicht größer als 0,2 Gew.-% sein.

Ein wichtiges Kriterium für anorganische Bestandteile ist der *Aschegehalt*. Da im Öl gelöste organische Schwermetallverbindungen (V, Ni u. ä.) sowie Sand, Staub oder Rost unter Umständen zu Korrosionserscheinungen bzw. Festfressen führen können, ist die zulässige obere Grenze für derartige Stoffe sehr niedrig. Sie liegt bei 0,01 bis 0,05% mit Ausnahme der Öle geringer Qualität (0,3%). Nach TGL 9493 wird die Probe in einer Porzellan- oder Platinschale bei 750—800° verbrannt und der Rückstand in der Muffel geglüht. Häufig gibt die Differenz zwischen Asche und Sulfatasche (unter Zusatz von konz. H_2SO_4 abgeraucht!) Hinweise auf die Natur der anorganischen Bestandteile.

Die Verunreinigungen in Ölen, die sich durch Filtration oder Zentrifugieren abtrennen lassen (Sand, Rost, Fasern u. ä.), werden als *feste Fremdstoffe* bezeichnet und werden nach TGL 0-51592 durch Lösen in Reinbenzol und Filtration bestimmt. Das Benzolunlösliche wird nach wiederholter Waschung mit Benzol und Trocknen bei 105° ausgewogen.

Schließlich wird noch der sog. *Hartasphaltgehalt* bestimmt. Hierunter versteht man den Gehalt an hochmolekularen Stoffen, die sich aus dem Öl durch Normalbenzin oder n-Hexan ausfällen lassen. Als Normalbenzin wird dabei ein Benzinschnitt (Kp. 65—95°) angewendet, der frei von Aromaten sein muß, nach DIN 51635 (die entsprechende TGL-Vorschrift ist in Bearbeitung). Die quantitative Bestimmung (TGL 0-51557) erfolgt durch Versetzen mit dem 40fachen Volumen an Normalbenzin oder n-Hexan, die Mischung muß dann mindestens 14 Std. im Dunkeln stehenbleiben. Die ausgefallenen Asphalte werden abfiltriert, mit Normalbenzin gewaschen und der Asphalt aus Benzol umgelöst. Der Hartasphaltgehalt darf in guten Destillatschmierölen bzw. Raffinaten nicht über 0,3% liegen, für Rückstände sind maximal 2% zulässig.

4.8. *Mindestanforderungen*

Die Mindestanforderungen an Schmieröle jeglicher Art sind in den DIN-Normen der Ziffernreihe DIN 51 ... festgelegt, die hier zur Übersicht zusammengefaßt werden sollen [6]:

DIN 51500 Ermittlung des Verbrauches

DIN 51502 Kennzeichnung der Schmierstoffbehälter, Schmiergeräte und Schmierstellen

DIN 51501 bzw. TGL 11871 Normalschmieröle N

DIN 51503 Kältemaschinenöle

DIN 51504 Schmieröle D

DIN 51505 Dunkle Schmieröle

DIN 51507 Anforderungen an Isolieröle

DIN 51508 Schmieröle für Großgasmaschinen

DIN 51509 Normalschmieröle für Getriebeschmierung Richtlinien für die Verwendung

DIN 51510 Zylinderöle für Dampfmaschinen

DIN 51511 SAE-Viskositätsklassen für Motorenschmieröle

DIN 51512 SAE-Viskositätsklassen für Kraftfahrzeuggetriebeöle

Weitere Normen sind noch in Vorbereitung (Dampfturbinenöle, Wasserturbinenöle usw.). Zusätzlich sind folgende TGL-Standards für Schmieröle vorhanden:

TGL 6021 Schmieröle für Großgasmaschinen

TGL 9822 Schmieröle für Verdichter

TGL 9823 Zylinderöle für Dampfmaschinen

TGL 11612 Achsen- und Stellwerköl.

5. Kennzeichnung von Heizölen

Neben Braunkohlen-, Steinkohlen- und Schieferteerölen finden als Heizöle Destillate sowie Destillations-, Raffinations- und Crackrückstände aus der Erdölverarbeitung Verwendung. Man unterscheidet leichte Heizöle, die vorwiegend als Haushaltheizöle (Einzel-, Etagen- und Zentralheizungen für Wohnungen, Häuser und Häuserblöcke) verwendet werden, und schwere Heizöle, die als Brennstoff für stationäre oder schwimmende Kesselanlagen eingesetzt werden.

In den meisten Fällen wird das Öl durch Düsen unter teilweisem Dampfzusatz in den Verbrennungsraum eingepreßt. Die Art und Weise der Zerstäubung und der angewandte Luftüberschuß sind von ausschlaggebender Bedeutung für die Rentabilität einer Ölheizungsanlage; ebenso wie die auf die erzeugte Wärmemenge abgestimmte Wärmeübertragungseinrichtung.

Die Grenzen für die wirtschaftliche Verbrennung eines Heizöles sind sehr weit gespannt. Deshalb bewegen sich auch die Anforderungen, die man an ein Heizöl stellt, in sehr weiten Grenzen. Nach RUMPF [1] werden an ein Heizöl folgende allgemeine Anforderungen gestellt:

a) Gute Zündwilligkeit bei gleichzeitiger gefahrloser Lagerungsmöglichkeit. Flammpunkte nach PENSKY-MARTENS 65—80° als unterste Grenze.

b) Ausreichender Heizwert. Unterer Heizwert bei 10000 kcal/kg.

c) Das Heizöl darf kein Wasser oder mechanische Verunreinigungen enthalten, die zur Verstopfung der Düsen führen können. Ein zu hoher Aschegehalt führt leicht zur Verkrustung der Heizflächen oder zur Korrosion der Kesselanlagen (Vanadium, Nickel).

d) Das Heizöl darf sich bei Lagerung nicht verändern und muß mit anderen Heizölen mischbar sein.

e) Zu hoher Schwefelgehalt ist zu vermeiden, da die Verbrennungsgase (SO_2) ebenfalls zu Korrosionen bzw. unerwünschten Luftverunreinigungen führen können.

f) Die zulässigen Viskositäten richten sich nach der Brennertype bzw. den Lager- und Fördermöglichkeiten.

g) Die Stockpunkte richten sich ebenfalls nach den Lager- und Fördermöglichkeiten; sie sollen + 10 °C nicht überschreiten.

h) Gegebenenfalls macht sich auch eine Berücksichtigung der Verkokungsneigung notwendig, da Koksbildungen im Brenner zu Störungen führen können.

In den USA gilt die ASTM-Vorschrift D 396–48 T als Norm für die Anforderungen an Heizöle, wobei 5 verschiedene Öltypen für verschiedene Brenner berücksichtigt werden.

In der eben erwähnten ASTM-Norm sind auch die Prüfmethoden für Heizöle für die USA festgelegt. Im einzelnen werden untersucht: Viskosität, Flammpunkt, Fließpunkt, Wasser und Sedimente, Verkokungsneigung, Asche, spezifisches Gewicht und Korrosion.

In Deutschland sind die Mindestanforderungen für Heizöle in der TGL 3667 (Blatt 1 und 2) für 4 Heizöltypen zusammengefaßt. Hier werden ebenfalls Dichte, Flammpunkt, Viskosität, Stockpunkt, Conradsontest, S-Gehalt, Wasser, Sedimente, Heizwert und Asche vorgeschrieben. Im Bereich der DDR ist dieser Standard durch die TGL 3667, Blatt 1, ersetzt worden (Ausgabe vom Juni 1961). Allerdings hat hierbei eine Beschränkung auf Heizöle für stationäre Anlagen stattgefunden. Das leichte Heizöl für bewegliche Anlagen, für das in der DIN 51603 ein Siedebereich von 95—370 °C angegeben wird, ist in den technischen Lieferbedingungen für DK (TGL 4938) mit einbegriffen.

6. Paraffine und Ceresine

6.1. Allgemeines

Die aus den Schmieröldestillaten und dem Rückstand der Erdölverarbeitung anfallenden hochstockenden Anteile sind *Paraffine und Ceresine*. Aus dem Destillat von ca. 380—480 °C (Spindelöl und Neutralöl) lassen sich Paraffine, aus den Rückständen nur Ceresine gewinnen.

Die höheren *Normalparaffine* kommen in den meisten Rohölen vor und verschlechtern die Stock- und Trübungspunkte der Destillate. Sie kristallisieren in gut ausgebildeten Nadeln oder Platten und werden aus den Destillaten vielfach nach Verdünnung mit geeigneten Lösungsmitteln (Aceton, Methyläthylketon, Chlorkohlenwasserstoffe) oder Lösungsmittelgemischen durch Kristallisation abgeschieden.

Im Gegensatz dazu bestehen *Ceresine* vorwiegend aus Isoparaffinen, die in mikrokristalliner Form oder amorph aus den höheren Erdölfraktionen oder -rückständen anfallen. Sie haben eine gegenüber dem Paraffin höhere Dichte, höheres Molgewicht und lassen sich in der Wärme kneten, ohne klebrig zu sein. Ihr großes *Ölbindungsvermögen* macht sie zur Herstellung von Bohnermassen, Lederpflegemitteln u. ä. geeignet.

Die Anforderungen an Paraffin- und Ceresinprodukte sind bei der heutigen Marktlage sehr hoch. Auf dem Weltmarkt kann Hartparaffin fast ausschließlich nur als weißes geruch- und geschmackfreies Vollraffinat abgesetzt werden. In der TGL 5941 sind die Qualitätsanforderungen für „Paraffine aus Erdöl und Schwelprodukten" festgelegt worden.

6.2. *Prüfung der Eigenschaften*

Neben Farbe, Geruch, Geschmack und Lichtbeständigkeit sind Erstarrungs- bzw. Schmelzpunkt, Härte, Dichte und Ölgehalt wichtigste Qualitätsmerkmale.

6.2.1. *Der Erstarrungspunkt*

wird nach TGL 0–51570 (entspricht ASTM D 87–57 bzw. JP–55/56) durch Aufnahme einer Abkühlungskurve bestimmt, wobei das Kristallisationsgefäß in einem Luftmantel und dieses im Temperierbad (Wasser) sitzt. Diese Methode liefert die genauesten Ergebnisse mit einem Wiederholstreubereich von 0,1 °C. Als schnell durchzuführende Routinemethode gibt die sog. *Galizische Methode* der Bestimmung des Erstarrungspunktes am rotierenden Thermometer (Ep_{rot}) nach TGL 0–51556 genügend genaue Ergebnisse. Hier beträgt der Wiederholstreubereich ± 1 °C. Der in der Kapillare oder auf dem KOFLER-Heiztischmikroskop bestimmbare Schmelzpunkt liegt meist höher als der Erstarrungspunkt und liefert ungenauere Werte. Er wird deshalb meist nicht mehr durchgeführt.

6.2.2. *Die Dichte*

wird entweder mit Hilfe der MOHR-WESTPHALschen Waage durch Auftriebsmessung eines Senkkörpers oder durch Messung im Pyknometer mit Kapillarstopfen durchgeführt. Das Leervolumen der Pyknometer muß vorher durch sorgfältige Eichung mit reinem frisch destilliertem Quecksilber bestimmt werden.

Die Dichte der Paraffine steigt mit dem Schmelzpunkt geradlinig an. Sie liegt für Hartparaffine mit Schmelzpunkten zwischen 42° bis 75° bei Werten 0,85—0,93. Für die Abhängigkeit der Dichte vom Erstarrungspunkt gibt IVANOWSKY [7] folgende Beziehung an:

$$d_{100} \cdot 10^3 = 709 + 0{,}75\, Ep$$

Da andererseits das Molgewicht mit dem Erstarrungspunkt zusammenhängt, besteht eine lineare Abhängigkeit zwischen Dichte und Molgewicht. Weitere Zusammenhänge zwischen verschiedenen Kennzahlen und die Ausnutzung solcher Beziehungen zur Strukturgruppenanalyse werden im nächsten Kapitel ausführlich dargelegt.

6.2.3. Die Härte

wird mit dem Penetrometer nach RICHARDSON mit der Nadel bestimmt. Die Eindringtiefe der Nadel bei 100 g Belastung wird nach 5 Sek. gemessen und in $^1/_{10}$ mm-Penetrationsgraden angegeben. Die Penetration guter Hartparaffine liegt um 10, Ceresine und Weichparaffine haben Werte von 30—60.

6.2.4. Der Ölgehalt

kann nach verschiedenen Methoden bestimmt werden. Als allgemeinverbindliche Norm gilt die TGL 0-51571 (entspricht ASTM D 721-53 T), bei der die Paraffinprobe (24—26 g) in Methyläthylketon gelöst wird, dann das Paraffin bei $-32\,°C$ gefällt und das in Butanon gelöste Öl mit einem Tauchfilter abgesaugt wird. Die Ölmenge wird nach Abdampfen des Butanons ausgewogen. Die Ausrechnung ergibt den Ölgehalt in %, genau mit $\pm$ 0,1—0,2% Streuung.

Nach der DIN-Norm kann für Routineanalysen auch in einer verkleinerten Apparatur mit 7,5 g Einwaage gearbeitet werden, wobei die gleichen Ergebnisse mit der gleichen Genauigkeit erhalten werden.

Neben dieser Normvorschrift existieren in den verschiedenen paraffinerzeugenden Werken der DDR noch einfache Routinemethoden für die laufende Qualitätskontrolle der Paraffinerzeugnisse, deren Ergebnisse nicht immer mit denen der DIN-Norm übereinstimmen.

7. Strukturgruppenanalysen

Die Zahl der in einem Erdölprodukt vorhandenen Einzelindividuen ist selbst bei engster Begrenzung des Produktes durch die Siedelage oder das Molekulargewicht noch immer so groß, daß es in den meisten Fällen unmöglich sein wird, Einzelindividuen abzutrennen und deren chemische Struktur aufzuklären. Zuverlässige Methoden für eine ausreichende Untersuchung von Vielstoffgemischen gibt es nicht, deren chemische Struktur muß also bei Anwendung rein chemischer Methoden unbekannt bleiben.

Deswegen sind bereits seit langem Bemühungen unternommen worden, auf physikalischem Wege oder durch rechnerisch statistische Methoden tiefergehende Aussagen über die strukturelle Zusammensetzung solcher Produkte machen zu können. Das war möglich, nachdem nicht nur Beziehungen zwischen physikalischen Konstanten und der chemischen Struktur, sondern auch Beziehungen zwischen den physikalischen Konstanten untereinander gefunden worden waren.

7.1. Strukturanalysen für niedrigsiedende Kraftstoffe

Trotzdem heute mit der Gas-Chromatographie ein Hilfsmittel für den Analytiker existiert, das viele Untersuchungen wesentlich erleichtert, besteht doch die Notwendigkeit, eine schnelle Bestimmung ganzer Strukturgruppen (Paraffine, Naphthene, Olefine, Aromaten) im Benzin durchführen zu können, um die Anreicherung bestimmter Gruppen bei den neuzeitlichen Veredelungsverfahren (Reformierung, Alkylierung, Isomerisierung usw.) schnell verfolgen zu können. Die Unterscheidung von n- und iso-Paraffinen ist dabei so schwierig, daß sie in den meisten Fällen ganz unterbleibt.

Zur Bestimmung des *Olefingehaltes* kombinierte HAMMERICH [8] die Jodzahl mit den Ergebnissen der ASTM-Destillation (Siedekennziffer, Vergasbarkeit). Die Aromaten können durch Nitrierung oder Sulfonierung abgetrennt und bestimmt werden. Auch durch die Senkung des *Anilinpunktes* nach Entfernung der Aromaten kann auf den Aromatengehalt geschlossen werden, da die Anilinpunktdifferenz dem Aromatengehalt direkt proportional ist. Wichtiger ist jedoch der Anilinpunkt (TGL 0–51775) für die Bestimmung der Paraffine und Naphthene. Wird nämlich von aromaten- und olefinfreiem Benzin der Brechungsindex und der AP bestimmt, so kann durch Kombination dieser beiden Kennzahlen das Verhältnis von Naphthenen zu Paraffinen bestimmt werden.

Will man alle Gruppen gemeinsam bestimmen, so wird die Bromzahl (= Gehalt an Olefinen) bestimmt, dann photometrisch die Aromaten mit Hilfe der spezifischen Dispersion, und schließlich wird der Brechungsindex des auf Naphthene und Paraffine entfallenden Anteils berechnet; daraus und aus der ASTM-Siedekennziffer kann dann das Verhältnis Paraffine/Naphthene nomographisch ermittelt werden.

Den Nachteil dieser umständlichen Methode umgeht die z. Z. verbindliche DIN-Vornorm bzw. TGL (Informationsblatt) 51791 (in Anlehnung an ASTM D 1319–56 T), die auf einer Adsorptionsanalyse unter Zuhilfenahme eines Indikator-Farbstoffes beruht (*Fluoreszenz-Indikator-Adsorptions-Verfahren*). Eine Stufensäule (12,5 und 1,75 mm l. W.) wird mit Silikagel 0,071–0,16 mm Korngröße gefüllt, in der Mitte befindet sich eine Zone Kieselgel, die mit einem Farbstoffgemisch imprägniert ist. Nach Aufgabe der Probe (0,75 m*l*) wird diese mit Isopropanol oder n-Butanol verdrängt. Nach dem Durchlauf der Probe bis in den unteren engen Teil der Säule werden die im UV-Licht verschiedenfarbig fluoreszierenden Zonen ausgemessen. Die Paraffine und Naphthene laufen zuerst und bilden eine farblose Zone, danach kommen die Olefine als gelbfluoreszierende Zone und schließlich die Aromaten mit blauer Fluoreszenz. Die Grenze zwischen Aromaten und dem Verdrängungsmittel bildet einen roten Ring. Hier reichern sich auch Verunreinigungen an. Jeder Durchlauf wird zweimal ausgemessen, aus den Mittelwerten werden gesättigte Kohlenwasserstoffe, Olefine und Aromaten in Vol. % errechnet.

7.2. Strukturanalyse fester Erdölkohlenwasserstoffe

Die festen Kohlenwasserstoffe bestehen vornehmlich aus drei Strukturtypen: Normalparaffinen, Isoparaffinen und Ringparaffinen (Naphthenen). Zur Charakterisierung der festen Kohlenwasserstoffe nach ihrer Struktur haben Gross und Grodde [9] eine Methode angegeben, mit deren Hilfe man den Anteil der verschiedenen Strukturtypen charakterisieren kann. Der „Ringwert" R_W ist die durch Ringschluß hervorgerufene Dichteerhöhung bei Naphthenen gegenüber n-Paraffinen. Er ist definiert nach

$$R_W = 10^3 \cdot d_{90^\circ} - \left[511 + \frac{311 \cdot M}{(M + 95)}\right]$$

und ist für n-Paraffine $= 0$, für Isoparaffine < 5 und für Naphthene > 5 (bis 100). Der „Asymmetriewert" A_W ist ein Maß für die Erniedrigung des Erstarrungspunktes durch Iso- bzw. Ringparaffine gegenüber den n-Paraffinen, die ja die höchsten Erstarrungspunkte besitzen:

$$A_W = 311 \frac{M}{M + 95} - 205 - 0{,}75\,Ep.$$

Auch A_W ist für n-Paraffine = 0, für Isoparaffine und Naphthene nimmt er verschieden große Werte an. Die Summe aus $R_W + A_W$ ist der sog. „Summenwert“:

$$S_W = R_W + A_W = 10^3 \cdot d_{90°} - 716 - 0{,}75\, Ep,$$

der demnach für reine n-Paraffine ebenfalls den Wert 0 annehmen muß.

7.3. Strukturanalysen hochmolekularer Ölanteile des Erdöls

7.3.1. Allgemeines

Während die Zahl der Verbindungen in den beiden vorher besprochenen Produkten (Benzin und Paraffin) vergleichsweise als gering zu betrachten ist, sind die in den Ölanteilen der Erdölverarbeitung enthaltenen Verbindungen sicher sehr zahlreich, selbst wenn man berücksichtigt, daß offensichtlich nicht alle Isomeriemöglichkeiten erschöpft werden [10]. Infolgedessen ist auch die Zahl der Versuche sehr groß, an Hand von Beziehungen zwischen physikalisch-chemischen Eigenschaften und chemischer Struktur zu Aussagen über die Struktur derartiger Produkte zu gelangen. Deshalb können im Rahmen dieses Buches die einzelnen Methoden nicht umfassend behandelt werden; es wird dazu im einzelnen das zusätzliche Studium der Originalliteratur notwendig werden.

Für die Benutzung der verschiedenen Methoden der Strukturgruppenanalysen werden im wesentlichen die folgenden Kennzahlen benötigt:

Refraktion:	mit dem Abbe-Refraktometer
Dichte:	nach TGL 14812 (Pyknometer)
Molgewicht:	kryoskopisch nach Beckmann, ebullioskopisch nach van Nes
Viskosität:	nach TGL 0-51562

Bromzahl:	nach TGL 0–51774 (bzw. ASTM–D 1158–57 T)
Erstarrungspunkt:	Galizische Methode am rotierenden Thermometer
E-Analyse:	C, H. nach LIEBIG S nach GROTE-KREKELER (TGL 0–51768) N nach KJELDAHL oder DUMAS

7.3.2. *n-d-M-Analyse [11]*

Die von WATERMAN u. Mitarbeitern ursprünglich entwickelte *Direktmethode* benutzt das Molgewicht und die Elementaranalyse vor und nach der Hydrierung der Fraktion zur Bestimmung des Gehaltes an aromatischem Kohlenstoff und der Ringzahl in gesättigten Mineralölfraktionen. Folgende Gleichungen werden dazu benutzt:

$$\%C_A = \frac{1201}{100 \cdot 8} \cdot 100 \cdot \frac{-\%\,H + \dfrac{M' \cdot \%\,H'}{M}}{100 - H}$$

$$R_T = 1 + \frac{M'(14{,}37 - \%\,H')}{172{,}6}$$

M, % H	= Molgewicht und Wasserstoffgehalt vor Hydrierung
M', % H'	= Molgewicht und Wasserstoffgehalt nach Hydrierung
% C_A	= Prozentgehalt Kohlenstoff in aromatischer Bindung
R_T	= Anzahl der Ringe im Molekül

Diese Methode erfordert demnach einen großen Aufwand an Apparaturen (Hydrierung ohne Spaltung und Nebenreaktionen, genaueste Elementaranalysen) und gut eingearbeitetem Personal und hat sich infolgedessen nicht durchsetzen können. 1932 veröffentlichten VLUGTER u. a. [12] Verbesserungen dieser Methode, indem sie die Elementaranalysen durch Bestimmungen des Anilinpunktes und der spezifischen Refraktion ersetzten. 1935 schließlich konnten die gleichen Vff. ihre Methode nochmals vereinfachen, jetzt genügte die Bestimmung des Molekulargewichtes, der spezifischen Refraktion und des Anilinpunktes der ursprünglichen Fraktion zur Strukturgruppenanalyse [12]. Diese Form der Strukturanalyse wird allgemein „WATERMANsche Ringanalyse“ genannt. Bei seinen Untersuchungen, die sog. „Dichtemethode“ (eine modifizierte Form der WATERMANschen Ringanalyse [11]) zu verbessern, fand TADEMA [13] einfache lineare Beziehungen zwischen Ringgehalt und Kohlenstoffverteilung einerseits und Brechungsindex, Dichte und Molekulargewicht andererseits, die es erlauben, den Ringgehalt und die Kohlenstoffverteilung von olefinreichen Mineralölprodukten mit Molekulargewichten von 194 aufwärts zu bestimmen. Diese allgemeinen Beziehungen haben die folgende Form:

$$\% \mathrm{C} = \frac{a}{M} + b \cdot \Delta d + c \cdot \Delta n$$

bzw.

$$R = a' + b' \cdot M \cdot \Delta d + c' \cdot M \cdot \Delta n$$

worin a, a', b, b' c und c' Konstanten bedeuten

und $\Delta d = d - d_\infty$,

$$\Delta n = n - n_\infty$$

d_∞ und n_∞ sind Grenzwerte für Refraktion und Dichte des hypothetischen n-Kohlenwasserstoffs mit unendlicher Kettenlänge. Die erwähnten Konstanten wurden von LEENDERTSE u. a. abgeleitet und sollen hier nicht näher erläutert werden [13]. *M*, *d* und *n* sind die an der Ölfraktion gemessenen Werte für Molekulargewicht, Dichte und Refraktion.

Diese heute wohl gebräuchlichste Methode ist auf katakondensierte Sechsringsysteme mit bis zu 4 Ringen/Durchschnittsmolekül exakt anwendbar. Der Kohlenstoffgehalt in Ringstruktur darf 75% des Gesamtkohlenstoffgehaltes nicht übersteigen, mit der weiteren Einschränkung, daß der Kohlenstoff in aromatischer höchstens 1,5mal so groß wie in naphthenischer Struktur sein darf. Bei Anwesenheit von Heteroatomen, deren Gehalt 2% S, 0,5% N und 0,5 %O nicht übersteigen darf, sind für C_R und R_T entsprechende Korrekturen vorzunehmen.

Neben den bisher erwähnten Methoden wurde in neuerer Zeit auch die kinematische Viskosität und ihre Temperaturabhängigkeit zur Strukturgruppenanalyse herangezogen. Eine ausführliche Zusammenstellung der damit gegebenen Möglichkeiten sowie daraus abgeleitete Zusammenhänge zwischen verschiedenen Kennzahlen, wie Oberflächenspannung, Ultraschallgeschwindigkeit, Viskosität, Dichte u. a. ist von WATERMAN 1958 veröffentlicht worden [14]. Jedoch gelten auch hier die schon oben für die *n-d-M*-Methode angeführten Einschränkungen.

Zur Auswertung aromatenreicher Fraktionen müssen deshalb andere Methoden herangezogen werden.

7.3.3. $\delta_{spez.}$-*d-M*-Methode

MARTIN und SANKIN [15] entwickelten Anfang der fünfziger Jahre eine Methode zur Strukturgruppenanalyse von Aromatenkonzentraten auf der Basis der spezifischen Dispersion, der Dichte und des Molekulargewichtes der betreffenden Fraktion. Die spezifische Dispersion $\delta_{spez.}$ $(n_F\text{-}n_C)$ wird direkt bestimmt oder aus der Refraktion und der Komparatoreinstellung des Abbe-Refraktometers berechnet. Das Molekulargewicht wird nach Angabe der Verfasser aus den Viskositäten bei 100 und 210° F und dem mittleren Siedepunkt oder aus der Dichte bei 20° und dem mittleren Siedepunkt berechnet, kann aber auch direkt bestimmt werden.

Gesättigte Kohlenwasserstoffe, Olefine, einige nichtkondensierte polycyclische Aromaten und Nichtkohlenwasserstoffe stören die Analyse in einem breiten Bereich (5–20%). Bei Anwesenheit solcher Verbindungen beträgt der mittlere Fehler ca. 0,1 R_A und 0,2 R_N bei einer Gesamtringzahl von maximal 3 Ringen, wobei gute Übereinstimmung mit den anderen Methoden erreicht wird. Nach eigenen Erfahrungen stören auch größere Anteile aromatischer S-Verbindungen die Werte nicht wesentlich [16].

7.3.4. Methode nach Geelen

GEELEN [17] untersuchte den Einfluß aromatischer Verbindungen auf verschiedene physikalische Konstanten (spezifische Refraktion r, spezifische Schallgeschwindigkeit u, spezifisches Volumen $1/d$) von Mineralölfraktionen und stellte Gleichungen auf, die es bei Kenntnis des Wasserstoffgehaltes gestatten, die Struktur aromatischer Fraktionen (Chromatographiefraktionen, Aromatenextrakte u. ä.) zu bestimmen. Dabei wird vorausgesetzt, daß in natürlichen Mineralölfraktionen ungefähr gleiche Teile von mono- und biaromatischen Verbindungen vorhanden sind. Aus den Daten homologer Reihen reiner Mono- und Diaromaten wurden für r, $\frac{1}{d}$ und % H drei Gleichungen abgeleitet, die sich nach R_N, $R\frac{I}{A}$ und $R\frac{II}{A}$ auflösen lassen:

$$r = 0{,}3310 + \frac{1}{M}\left(1{,}419 - 1{,}654\,R_N + 0{,}76\,R\frac{I}{A} - 0{,}38\,R\frac{II}{A}\right)$$

$$\frac{1}{d} = 1{,}1747 + \frac{1}{M}\left(27{,}56 - 16{,}32\, R_N + 28{,}9\, R\,\frac{I}{A} - 26{,}9\, R\,\frac{II}{A}\right)$$

$$\%\,\mathrm{H} = 14{,}37 + \frac{1}{M}\left(172{,}6 - 172{,}6\, R_N + 690\, R\,\frac{I}{A} + 604\, R\,\frac{II}{A}\right)$$

M = Molgewicht

R_N = Zahl der Naphthenringe/Molekül

$R\,\frac{I}{A}$ = Zahl der monoaromatischen Ringe/Molekül (Benzol = 1, Diphenyl = 2)

$R\,\frac{II}{A}$ = Zahl der biaromatischen Ringe/Molekül (Naphthalin = 2)

$$R_N = 1{,}95 + M \cdot \left(0{,}138 \cdot \Delta r + 0{,}0876 \cdot \Delta\frac{1}{d} - 0{,}00382 \cdot \Delta\,\mathrm{H}\%\right)$$

$$R\,\frac{I}{A} = -1{,}60 + M \cdot \left(0{,}632 \cdot \Delta r - 0{,}129 \cdot \Delta\frac{1}{d} + 0{,}00616 \cdot \Delta\,\mathrm{H}\%\right)$$

$$R\,\frac{II}{A} = 1{,}56 - M \cdot \left(0{,}762 \cdot \Delta r - 0{,}123 \cdot \Delta\frac{1}{d} + 0{,}00429 \cdot \Delta\,\mathrm{H}\%\right)$$

mit $\Delta r = 0{,}3310 - r$,

$\Delta\frac{1}{d} = 1{,}7147 - \frac{1}{d}$ und

$\Delta\,\mathrm{H}\% = 14{,}37 - \%\,\mathrm{H}$

Diese Formeln gelten streng nur für Fraktionen ohne triaromatische Verbindungen. Bei Anwesenheit von S-Verbindungen muß R_N korrigiert werden:

$$R_N = -0{,}001 \cdot M \cdot \%\mathrm{S}$$

7.3.5. E-d-M-Analyse

Anknüpfend an die Gedanken der „densimetrischen Methode“ und ihrer Ergänzung, der „refraktometrischen Methode“ von VAN KREVELEN [18] wurde von MONTGOMERY und BOYD [19] eine Methode publiziert, die bei Kenntnis von Molgewicht, Dichte, Refraktion, Elementaranalyse und Gehalt an aromatischem Kohlenstoff (aus spektroskopischen Daten) Aussagen über die Anteile an paraffinischem und naphthenischem Kohlenstoff sowie über den Kondensationsgrad der Ringe gestattet. Jedoch ist der Aufwand für die Bestimmung der Ausgangszahlen (*E*-Analyse, spektroskopische Aromatenbestimmung) und für die Auswertung der Gleichungssysteme beträchtlich.

Auf der Grundidee VAN KREVELENS entwickelte jedoch HRAPIA [20] eine einfache Methode, die sich nur auf die Werte der Elementaranalyse sowie Dichte und Molgewicht stützt (*E d M* Methode). Aus der Kohlenstoffbilanz, der Wasserstoffbilanz und der Molvolumengleichung lassen sich bei Annahme katakondensierter Mehrringsysteme und Abwesenheit von Fünfringverbindungen folgende Gleichungen gewinnen:

$$\frac{\mathrm{C}_P}{\mathrm{C}} = \frac{1}{\%\mathrm{C}}\left(\frac{437{,}56}{D_4^{20}} + 14{,}715 \cdot \%\mathrm{H} - 0{,}927 \cdot \%\,\mathrm{O} - 1{,}037 \cdot \%\,\mathrm{S} - 0{,}532 \cdot \%\,\mathrm{N} - 0{,}0214 \cdot BrZ - \frac{12221}{M}\right) - 2{,}5118$$

$$\frac{C_N}{C} = \frac{1}{\%C}\left(-\frac{656{,}34}{D_4^{20}} + 33{,}989 \cdot \%\,H + 2{,}141 \cdot \%\,O + 2{,}456 \cdot \%\,S + 0{,}370 \cdot \%\,N + 0{,}1824 \cdot BrZ + \frac{14728}{M}\right) + 3{,}2677$$

$$\frac{C_A}{C} = \frac{1}{\%C}\left(\frac{218{,}78}{D_4^{20}} - 19{,}274 \cdot \%\,H - 1{,}214 \cdot \%\,O - 0{,}819 \cdot \%\,S + 0{,}162 \cdot \%\,N - 0{,}1610 \cdot BrZ - \frac{2507}{M}\right) + 0{,}2441$$

Wie man sieht, werden Anteile an N, S, O und ungesättigte Verbindungen (*BrZ* = Bromzahl) in die Berechnung einbezogen, so daß die Methode für die Strukturgruppenanalyse sowohl aromatenfreier Anteile als auch von Aromatenkonzentraten sowie olefinischer, S-, O- und N-haltiger Gemische und Verbindungen anwendbar ist. Ihre große Brauchbarkeit wurde an zahlreichen Beispielen bewiesen [16].

7.3.6. Methode von Terres

Die Aussagekraft der bisher genannten Strukturgruppenanalysen bleibt beschränkt, da sie über die wirklich vorliegenden Strukturen letztlich nur wenig aussagen. Da berichtete TERRES [21] 1958 über eine neue Möglichkeit der Charakterisierung von Mineralölkohlenwasserstoffen, die einen Weg zur tieferen Kenntnis der Zusammensetzung wies. Er fand bei der Auswertung der Kennzahlen von ca. 500 bekannten Kohlenwasserstoffen, daß der Quotient aus Refraktion und Dichte bei 20 °C für jede Kohlenwasserstoffklasse eine charakteristische Kennzahl darstellt. Trägt man diesen Wert als Ordinate gegen die reziproke Kohlenstoffzahl als Abszisse (aus *E*-Analyse und Molgewicht) in einem Diagramm auf, so ergibt sich ein Strahlenbündel, in dem jeder Kohlenwasserstoffklasse ein bestimmter Strahl zukommt. Trägt man die Fraktionen z. B. eines Chromatogrammes entsprechend ihren Kennzahlen in ein solches Diagramm ein, so kann man aus ihrer Lage zu den spezifischen Strahlen Rückschlüsse auf die Natur der Inhaltsstoffe ziehen, die über die Aussagemöglichkeit von *n-d-M*- oder *E-d-M*-Methode hinausgehen und damit die Richtung zur genaueren Charakterisierung bzw. zur Identifizierung angeben, was von Terres u. Mitarbeitern an dem SO_2-Extrakt eines Kerosen- bzw. Gasölschnittes nachgewiesen werden konnte.

Teil II: Vertiefte Trennmethoden von Erdölprodukten

1. Physikalische Methoden

1.1. Destillation

1.1.1. Allgemeines

Unter Destillation versteht man ganz allgemein die Überführung einer Flüssigkeit durch Wärmezufuhr in den Dampfzustand und Kondensation des Dampfes an anderer Stelle durch Wärmeentzug wieder zur Flüssigkeit.

Dieser Vorgang wird im Laboratorium in dazu bestimmten Vorrichtungen zur Trennung der verschiedenartigsten Komponenten vielfach vorgenommen. Es haben sich im Laufe der Zeit verschiedene charakteristische Arten der Destillation herausgebildet, von denen die wichtigsten im folgenden besprochen werden sollen.

Zunächst soll jedoch erst einiges über die bei allen Destillationsarten immer wieder auftauchenden Grundlagen gesagt werden.

Eine allgemeine und wesentliche Unterscheidung bei der Betrachtung verschiedener Destillationsverfahren sind die Wege, die der Dampf und das Kondensat nehmen.

Bei der *Gleichstromdestillation* bewegt sich der Dampf aus der Blase in Richtung auf das Kondensationsgefäß hin, in dem sich das Kondensat bildet, das dann in der Vorlage gesammelt wird.

Bei der *Gegenstromdestillation* bewegt sich der Dampf ebenfalls in Richtung auf das Kondensationsgefäß hin. Der größte Teil des Kondensats aber hat die Gelegenheit, sich dem Dampf entgegen wieder in die Destillierblase zu begeben. Nur ein kleiner Teil gelangt in die Vorlage. Zwischen Dampf und Flüssigkeit findet unterwegs ein mehr oder weniger intensiver Austausch statt, der, wenn es sich um Gemische handelt, den Destillationseffekt erheblich verstärkt.

Eine weitere allgemeine Tatsache ist, daß jede Substanz bei einer bestimmten Temperatur einen bestimmten Dampfdruck besitzt. Werden die Dampfdrücke verschiedener Substanzen bei gleicher Temperatur verglichen, so ergeben sich Dampfdruckunterschiede.

Dividiert man den Dampfdruck P_1 einer Substanz durch den Dampfdruck P_2 der anderen Substanz eines binären Gemisches, so ergibt sich ein Quotient, der allgemein als *Trennfaktor* „α" bezeichnet und stets $\geqq 1$ sein wird. Je größer der Trennfaktor ist, desto leichter lassen sich die Komponenten destillativ trennen. Dies gilt jedoch, wie später noch gezeigt wird, nicht uneingeschränkt. Der Trennfaktor α ist temperaturabhängig. In den meisten Fällen steigt der α-Wert mit abnehmender Temperatur, so daß oft die Trennung eines Gemisches durch Anwendung von Vakuum begünstigt wird. Das gilt besonders für homologe Reihen. Es gibt aber auch Fälle, bei denen eine Druck- und damit Temperaturerhöhung eine Verbesserung des α-Wertes ergibt, z. B. beim Gemisch 2.4-Dimethylpentan-2.2.3-Trimethylpentan. Der Dampfdruck eines Gemisches setzt sich bei einer beliebigen Temperatur aus den Teildampfdrücken der Komponenten im Gemisch zusammen, wobei der Anteil einer Komponente zum Gesamtdruck P_G abhängig ist vom eigenen Dampfdruck bei der betreffenden Temperatur und der Konzentration in der Mischung ausgedrückt als Molenbruch. Das ist eine Anwendung des RAOULTschen Gesetzes.

Betrachtet man ein 2-Komponentengemisch, so ist

$$p_1 = P_1 \cdot x_1 \qquad (x_1 \text{ in Molenbruch}) \tag{1}$$

für die eine Komponente, und

$$p_2 = P_2 \cdot x_2 \qquad (x_2 \text{ in Molenbruch}) \tag{2}$$

für die zweite.

Mit der Gleichung

$$y^* = \frac{\alpha x_1}{1 + x_1(\alpha - 1)}, \quad (x_1 \text{ in Molenbruch}) \qquad (3)$$

die aus einer Verknüpfung des RAOULTwchen Gesetzes mit dem DALTONschen Gesetz hervorgeht, läßt sich bei binären idealen Gemischen bei bekannter Zusammensetzung der Flüssigkeit die Konzentration y^* der leichter siedenden Komponente im Dampf und damit dessen Zusammensetzung berechnen.

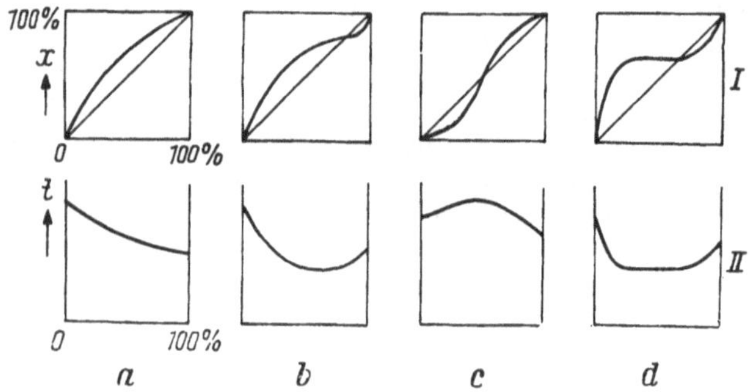

Abb. 1 Gleichgewichts- (I) und Siedekurven (II) binärer Gemische
a – ideale Mischung; *b* – Azeotrop mit Minimumsiedepunkt, vollständig lösliche Komponenten; *c* – Azeotrop mit Maximumsiedepunkt, vollständig lösliche Komponenten; *d* – Azeotrop, Komponenten nur teilweise löslich

Mit Hilfe dieser Gleichung (3) ist die *Gleichgewichtskurve* eines binären Gemisches für konstanten Druck – die meisten Destillationen im Laboratorium werden isobar ausgeführt – berechenbar. Damit bildet die Gleichgewichtskurve die Grundlage zur Berechnung der theoretischen *Trennstufenzahl*, die zur Trennung eines vorgegebenen Gemisches notwendig ist, nach dem graphischen Verfahren von McCABE-THIELE [22]. In der Abb. 1 sind die Gleichgewichtskurven und die entsprechenden Siedekurven typischer binärer Systeme vereinigt.

Auf die Bedeutung dieser Kurven wird später näher eingegangen werden.

Bei idealen Gemischen kann der Trennfaktor α aus den Dampfdrücken der reinen Komponenten berechnet werden.

Bei unidealen Gemischen muß

$$\alpha = \frac{P_1}{P_2} \tag{4}$$

durch Einführung eines Aktivitäskoeffizienten E korrigiert werden.

$$\alpha = \frac{P_1 \cdot E_1}{P_2 \cdot E_2} \tag{4a}$$

Durch die folgenden Gleichungen

$$E_1 = \frac{P_G \cdot y_1^*}{P_1 \cdot x_1} \quad \text{und} \quad E_2 = \frac{P_G \cdot y_2^*}{P_2 \cdot x_2} \tag{5}$$

läßt sich E für beide Komponenten aus leicht zugänglichen Daten ermitteln.

Abweichungen von $E = 1$ sind ein Maß für unideales Verhalten. Ist der Dampfdruck der beiden Komponenten größer, als es dem RAOULTschen Gesetz entspricht, so werden E_1 und $E_2 > 1$ werden. Sind die Abweichungen genügend groß, so liegt ein *Azeotrop* mit Maximumdampfdruck und entsprechendem Siedepunktsminimum vor. Sind E_1 und $E_2 < 1$, so entsteht ein Azeotrop mit Minimumdampfdruck und entsprechendem Siedepunktmaximum. Bei sehr großen Abweichungen vom RAOULTschen Gesetz entstehen zwei nebeneinander beständige flüssige Phasen und damit ein Heteroazeotrop.

Ein weiterer wichtiger Begriff aus der Destillationstechnik ist der der theoretischen und praktischen *Bodenzahl* oder Trennstufe, der bei Verwendung von Kolonnen zur Durchführung fraktionierter Destillationen stets wiederkehrt.

Um bei Gegenstromdestillationen die Berührungsfläche und Kontaktzeit zwischen Dampf und Kondensat möglichst groß zu gestalten, schaltet man in den Weg zwischen Destillierblase und Kühler eine sog. *Kolonne* ein. Diese besitzt Einbauten, auf denen sich Flüssigkeit ansammeln kann, die der Dampf passieren muß — man spricht dann von *Bodenkolonnen* —, oder die Kolonne ist ein Rohr mit einem Sieb am unteren Ende, das durch Füllkörper ausgefüllt ist. In diesem Fall handelt es sich um eine *Füllkörperkolonne*. Ein theoretischer Boden ist folgender-

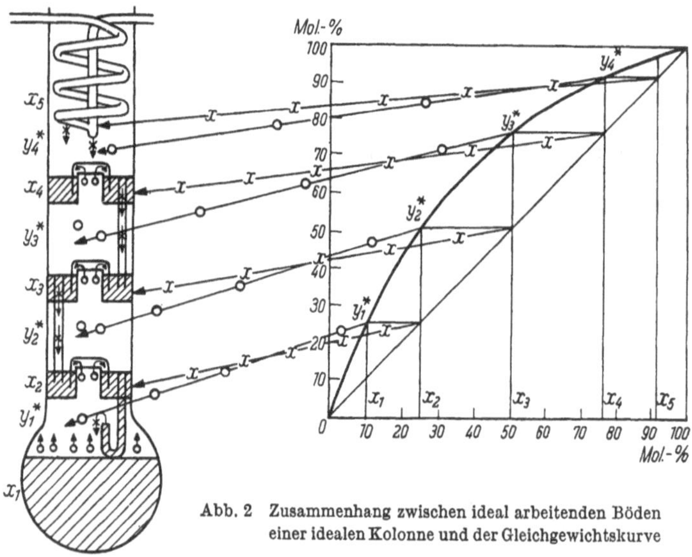

Abb. 2 Zusammenhang zwischen ideal arbeitenden Böden einer idealen Kolonne und der Gleichgewichtskurve

maßen definiert: Ein theoretischer Boden ist die gedachte Kolonneneinheit eines idealen Bodens, auf welchem der von der darunterliegenden gedachten Kolonneneinheit aufsteigende Dampf sich mit der von der darüberliegenden gedachten Kolonneneinheit herabfließenden Flüssigkeit ins thermodynamische Gleichgewicht setzt.

In der Abb. 2 ist neben einer schematischen Bodenkolonne die Gleichgewichtskurve gezeichnet, die die graphische Darstellung der sich in der Kolonne abspielenden Vorgänge ist. Wenn sich alle Böden mit Flüssigkeit gefüllt haben und das Gleichgewicht eingestellt ist, haben die Dämpfe und Flüssigkeiten die durch die Gleichgewichtskurve gegebenen Konzentrationen. Der aus dem Kolben entweichende Dampf steht dann auf dem Boden 2 mit der vom Boden 3 kommenden Flüssigkeit im Gleichgewicht. Der vom Boden 2 kommende Dampf steht mit der vom Boden 4 kommenden Flüssigkeit auf dem Boden 3 im Gleichgewicht und so geht es weiter bis zum obersten Boden, dessen Dampf total kondensiert wird. Ein Teil des Kondensats wird aus der Destillationsapparatur herausgeführt.

Wie aus der Gleichgewichtskurve zu entnehmen ist, läßt sich in diesem gedachten Gemisch mit 3 idealen Böden oder Trennstufen und einem Kolben die zu 10 Mol-% enthaltene leichtsiedende Komponente auf 90 Mol-% im Kopfdestillat anreichern. In der Praxis erreicht kein Boden einen Wirkungsgrad von 100%, wie es im Beispiel des idealen Bodens vorausgesetzt wurde, sondern nur einen solchen von 50—90%, so daß zur Erreichung einer bestimmten Konzentration stets eine größere Anzahl praktischer Böden eingesetzt werden muß, als theoretisch errechnet wurde.

Ein Grund dafür ist, daß nicht das gesamte Kondensat wieder in die Kolonne zurückfließt, sondern ein ganz bestimmter Teil als Destillat die Apparatur verläßt. Eine dauernde Störung des Gleichgewichts ist die Folge. Setzt man die Gesamtmenge Kondensat R in Beziehung zur abgezweigten Destillatmenge E, so erhalten wir das *Rücklaufverhältnis*

$$\nu = \frac{R}{E}, \tag{6}$$

das praktisch zwischen ∞ und etwa 1 gewählt werden kann. Je mehr sich ν dem Wert 1 nähert, desto mehr Destillat wird abgezweigt, desto größer ist die Störung der Gleichgewichtseinstellung in der Kolonne.

Im Vorhergehenden sind die wesentlichsten Grundbegriffe der Destillation gestreift worden. Nun soll noch einiges über die Ermittlung der für eine bestimmte Trennaufgabe nötigen Trennstufen auf graphischem Weg nach McCabe-Thiele gesagt werden.

Die Gleichgewichtskurve ist aus Messungen der Dampfdrücke der beiden Komponenten leicht zugänglich. In

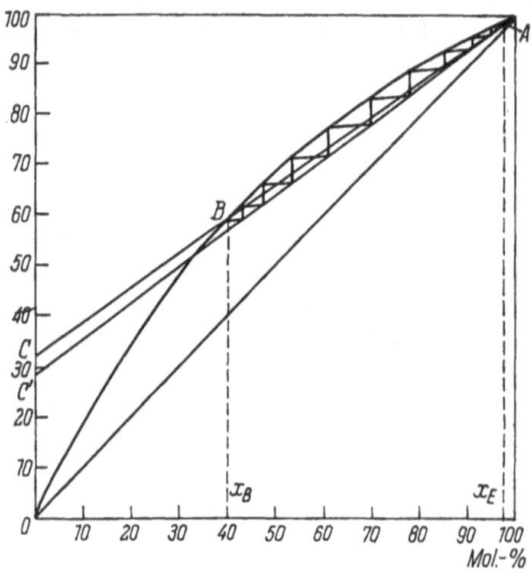

Abb. 3 Gleichgewichtskurve eines idealen Gemisches mit eingezeichneter Verstärkungsgeraden zur Bestimmung der Trennstufenzahl durch Einzeichnen der Treppenkurve nach McCabe-Thiele

die Abb. 3 sind außer der Gleichgewichtskurve die Konzentration des Leichtersiedenden in Mol-% im Ausgangsgemisch und im gewünschten Produkt als zwei Parallele zur Ordinate und zwei Gerade eingezeichnet, die beide vom Schnittpunkt A der einen Parallelen zur Ordinate mit der Diagonalen ausgehen. Eine der Geraden schneidet die Gleichgewichtskurve im Punkt B. Außerdem schneiden die Geraden die Ordinate im Punkt C bzw. C'. Diese beiden Geraden werden als *Verstärkungsgerade* bezeichnet, wovon die Gerade A–C die Ordinate in C

schneidet, den Wert der Konzentration der leichtersiedenden Komponente angebend, aus dem sich die Mindestrücklaufmenge ermitteln läßt, bei der eine unendlich große Trennstufenzahl benötigt würde. Es stehen jedoch immer nur endliche Mengen an Trennstufen zur Verfügung, so daß das Rücklaufverhältnis stets größer als das Mindestrücklaufverhältnis ist.

Die allgemeine Gleichung der Verstärkungsgeraden ist

$$y = \frac{\nu \cdot x_R}{\nu + 1} + \frac{x_E}{\nu + 1}. \tag{7}$$

In dieser Gleichung ist $\frac{x_E}{\nu + 1}$ gleich dem Abschnitt auf der Ordinate zwischen 0 und dem Schnittpunkt C bzw. C' der Verstärkungsgeraden.

Zu Gleichung

$$\nu = \frac{x_E}{y} - 1 \tag{8}$$

umgeformt, läßt sich damit das Mindestrücklaufverhältnis berechnen oder umgekehrt aus dem gewählten Rücklaufverhältnis der Punkt C' zur Konstruktion der Verstärkungsgeraden feststellen.

Zwischen Gleichgewichtskurve und Verstärkungsgerade A–C' wird eine Treppenkurve, bei B beginnend, eingezeichnet. Jeder Berührungspunkt der Treppenkurve mit der Gleichgewichtskurve bedeutet eine notwendige theoretische Trennstufe, wobei der Punkt B die Zusammensetzung der Flüssigkeit im Kolben, dem ersten Boden darstellt. Bei einer flachen Gleichgewichtskurve — kleiner Trennfaktor α — lassen sich zwischen ihr und der Verstärkungsgeraden sehr viele Treppenstufen einzeichnen, gleichbedeutend mit einer hohen Anzahl an notwendigen theoretischen Trennstufen.

Die Verstärkungsgerade ist nur dann eine Gerade, wenn die molaren Verdampfungswärmen der Komponenten nicht allzu stark voneinander abweichen. Sind die Unterschiede sehr groß, so muß nach einer Berechnungsmethode von KIRSCHBAUM [23] die Verstärkungsgerade gekrümmt werden.

Das für ein binäres Gemisch Gesagte gilt auch allgemein für Mehr- und Vielkomponentengemische. Nach SCHUHLER [24] lassen sich die Trennbedingungen und -ergebnisse von idealen Gemischen mit unendlich vielen Komponenten rechnerisch ermitteln.

Im folgenden nun sollen einzelne Destillationsverfahren besprochen werden.

Für analytische Zwecke kommen im allgemeinen nur die diskontinuierlichen in Frage.

Die Destillationen lassen sich unter Druck, bei Normaldruck, im Vakuum und im Hochvakuum vornehmen. Weiterhin unterscheidet man Azeotrop-, Extraktiv- und Trägerdampfdestillation.

1.1.2. Normaldestillation

In der Analytik des Rohöls oder seiner hellen Destillationsprodukte hat die *Normaldestillation* einen bedeutenden Platz inne. Die Destillation nach A. S. T. M. oder ENGLER-UBBELOHDE erfolgt bei Normaldruck, das bedeutet ein Siedeende von 360°, da darüber hinaus die Destillation nicht mehr ohne Krackvorgänge in der Destillierblase fortgesetzt werden kann. Die hochsiedenden Kohlenwasserstoffe zersetzen sich dann zum Teil und verfälschen das Analysenergebnis. Diese beiden Destillationsverfahren sind Gleichstromdestillationen, die mit bestenfalls einer theoretischen Trennstufe arbeiten. Um diese eine wenigstens einigermaßen vergleichbar auszunutzen, sind die Destillationsbedingungen in Normen festgelegt und müssen genau eingehalten werden.

Als Gegenstromdestillation unter Normaldruck arbeiten die Destillationsapparaturen zur Bestimmung der wahren Siedekurve während des ersten Teils der Destillation der bis 200° siedenden Anteile. Da es sich beim Erdöl um ein Vielstoffgemisch handelt und in den dazu angegebenen Apparaturen nur Kolonnen mit höchstens 20 theoretischen Trennstufen Verwendung finden und kein geregelter, sondern nur wilder Rücklauf herrscht, erhält man auf der Siedekurve keine waagerechten Abschnitte. Diese steigt vielmehr laufend an. Bei analytischen Destillationen hingegen, die am besten an engen vorgeschnittenen Fraktionen vorgenommen werden, kann man durchaus Fraktionen mit einem einheitlichen Siedepunkt erhalten, wenn die Destillationsapparatur der gestellten Aufgabe entspricht. So konnten ROSSINI und Mitarbeiter [25] aus einem Erdöl durch Destillation 158 Individuen isolieren. Der Zeitaufwand ist bei solchen Destillationen wegen des dabei notwendigen hohen Rücklaufverhältnisses selbstverständlich sehr hoch.

Steht viel Substanz zur Verfügung, so kann eine große Destillationsapparatur aufgebaut werden, steht nur sehr wenig, beispielsweise nur einige m*l* zur Verfügung, kann man mit großem Vorteil eine Drehbandkolonne verwenden. Meistens wird jedoch die Trennleistung solcher Kolonnen überschätzt. Drehbandkolonnen von 1 m Länge besitzen etwa 30—50 theoretische Böden. Diesen Wert erreichen Füllkörperkolonnen ebenfalls. Der große Vorteil der Drehbandkolonne gegenüber der Füllkörperkolonne ist der enorm kleine Betriebsinhalt, der sich bei 6 mm ⌀ etwa um 0,6 m*l* bewegt. Eine Füllkörperkolonne gleicher Trennleistung bei gleicher Länge muß etwa 10 mm ⌀ besitzen und hat dann einen Betriebsinhalt von etwa 13 m*l*.

Die Destillation unter Normaldruck wurde bei der genauen Analyse von Erdölbenzinen als Feindestillation mit Kolonnen, die 100—200 theoretische Trennstufen besitzen, zur Auftrennung in Individuen von KERENI [26] mit bestem Erfolg angewendet. LEIPNITZ [27] trennte einen Benzindestillationsschnitt durch fraktionierte Destillation in enge Siedebereiche, die anschließend präparativ-gas-chromatographisch weiter zerlegt werden konnten.

Auch die quantitative Analyse der Flüssiggase erfolgt in der PODBIELNIAK-Apparatur als fraktionierte Destillation unter Normaldruck.

1.1.3 Vakuumdestillation

Die im Erdöl enthaltenen Kohlenwasserstoffe sind im allgemeinen bis etwa 360° thermostabil. Werden sie unter Normaldruck höher erhitzt, so zersetzen sie sich zu Gasen und Koks. Dies ist bei den hochsiedenden Ölanteilen mit Siedepunkten über 360° stets der Fall.

Man destilliert deshalb dann unter vermindertem Druck im Vakuum zwischen 760 und 1 Torr. Außer einer Siedepunktserniedrigung bringt diese Maßnahme in sehr vielen

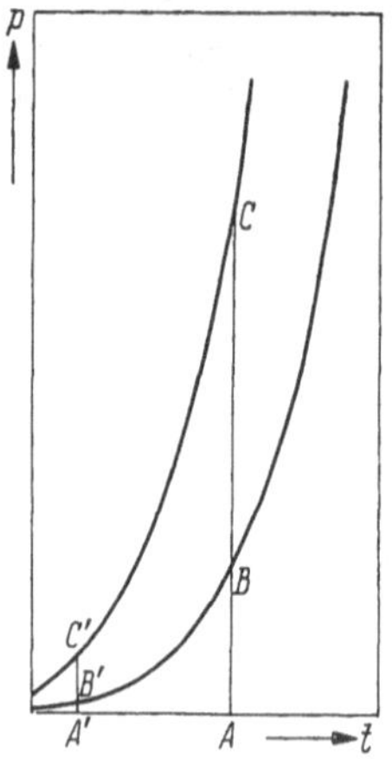

Abb. 4 Abhängigkeit des Trennfaktors α vom Druck. $A'C'/A'B' > AC/AB$

Fällen auch eine Verbesserung der Trennung mit sich, da die α-Werte bei homologen Reihen ansteigen, wie in Abb. 4 zu ersehen ist. Bei *Vakuumdestillation* sollte folgendes beachtet werden: Der im Kolben über der Flüssigkeit herrschende Druck ist stets größer als der hinter dem Kühler am Kolonnenkopf gemessene, da die Kolonne einen von der Belastung und dem Querschnitt abhängigen Druckabfall hat. Bei Vakuumdestillationen wählt man den Kolonnenquerschnitt stets größer, als bei Normaldruck nötig wäre. Bei Laborkolonnen mit 45 mm ⌀ und einer Länge bis zu 2 m kann der Druckabfall bis zu 20 Torr betragen. Dazu kommt noch der hydrostatische Druck in der Kolbenflüssigkeit, der bei einem 4-l-Kolben bei $^3/_4$ Füllung immerhin 9 Torr am Boden beträgt. Wenn also am Kopf ein Druck von 1 Torr gemessen wird, so wird die Flüssigkeit am Boden des Kolbens eine Temperatur haben müssen, die dem Druck von etwa 30 Torr entspricht. Es kann sich dann oft um Temperaturen handeln, die bis zu 100° über der Kopftemperatur liegen. Der Kolbeninhalt wird viel zu hoch erhitzt, falls sich die Heizung am Boden des Kolbens befindet. Es empfiehlt sich aus diesem Grund sehr, den Kolben entweder durch ein geeignetes Flüssigkeitsbad oder durch ein Luftbad mit an den Seiten angeordneten Heizelementen zu erwärmen.

Als Beispiel für die Verbesserung des α-Wertes sei die Vakuumtieftemperaturdestillation der Flüssiggase in der Leuna-Kolonne erwähnt.

Bei der Ermittlung der wahren Siedekurve werden die über 200° siedenden Anteile des Rohöls unter Vakuum abdestilliert, wobei der Druck beim DK-Schnitt bei ca. 50 Torr und bei den Schmierölanteilen (Endsiedepunkt auf Normaldruck umgerechnet 520°) bei 1 Torr und darunter liegt.

Für analytische Untersuchungen eines Düsenkraftstoffschnittes mit einem engen Siedebereich von 180 bis 240° destillierte Lauk [28] das Produkt nach Harnstoffentparaffinierung und Entaromatisierung im Vakuum. Dadurch war eine thermische Beeinflussung des Einsatzproduktes ausgeschlossen und außerdem die Auftrennung verbessert.

1.1.4. Molekulardestillation

Hochsiedende temperaturempfindliche Stoffe, beispielsweise die Inhaltsstoffe des Bitumens, werden nach einer Vorentgasung unter einem Druck von $< 10^{-3}$ Torr so destilliert, daß der von den Molekülen zwischen Verdampfungsfläche und Kühlfläche zurückzulegende Weg kleiner als die mittlere freie Weglänge ist. Man erreicht damit, daß die Mehrzahl der verdampften Moleküle ohne Zusammenstoß mit Fremdgasmolekülen die Kondensationsfläche erreicht. Die *Molekulardestillation*, die auch als Kurzweg- oder Einwegdestillation bezeichnet wird, ist eine ideale Gleichstromdestillation.

Da kein Sieden stattfindet, ist die Verdampfungsgeschwindigkeit abhängig vom Dampfdruck P der Substanz bei der Temperatur T der Verdampfungsoberfläche und dem Molekulargewicht der zu destillierenden Substanz. LANGMUIR faßte das in der Formel

$$D = 0{,}0583\, P \sqrt{\frac{M}{T}} \cdot a\,[\mathrm{g\ cm^{-2}\ s^{-1}}] \tag{9}$$

zusammen, in der

D = die maximal verdampfbare Menge
P = Dampfdruck der Substanz in Torr bei $T°$
M = Molekulargewicht
a = Verdampfungskoeffizient

sind.

Infolge einer gewissen Restgaskonzentration, die eine Behinderung der Verdampfung darstellt, ist die Einführung des Verdampfungskoeffizienten a in der Gleichung notwendig. Je niedriger der Restgasdruck im Destillationsraum ist, desto näher kommt man dem Wert $a = 1{,}0$.

Die freie Weglänge beträgt bei Drücken zwischen 8×10^{-3} bis 1×10^{-3} Torr für Moleküle mit einem Molekulargewicht um etwa 800 zwischen 7—50 mm. Der Siedepunkt ist gegenüber dem bei Normaldruck um etwa 250° niedriger.

Für das Laboratorium sind vom VEB Schott und Gen., Jena, einige Modelle von Molekulardestillationen als Einfach- oder Kaskadendestillation für den Mikro- und Makromaßstab entwickelt worden.

Prinzipiell arbeiten alle Typen auf die gleiche Weise. Die zu destillierende Substanz wird auf eine geheizte senkrecht stehende oder auf eine geneigte schmale Wanne gegeben und läuft als Film dem tieferliegenden Ende zu. Gegenüber befindet sich die um 50—100° kältere Kondensationsfläche. Destillat und Rückstand werden getrennt aufgefangen. Der Rückstand kann durch Zirkulation wieder auf dieselbe Heizfläche aufgegeben werden, bis kein Destillat mehr auftritt und er ausdestilliert ist. Bei einem Kaskadengerät wird der Rückstand einer Stufe in der nächsten tieferliegenden Stufe bei höherer Temperatur erneut der Kurzwegdestillation unterworfen. So ist es möglich, auch ein sehr hochsiedendes Gemisch in verschiedene Fraktionen zu zerlegen. Obwohl nur eine theoretische Trennstufe vorliegt, werden doch gute Trennergebnisse erzielt, da die Moleküle nur von der Oberfläche verdampfend die Filmoberfläche ohne mechanische Störungen verlassen, so daß kein Mitreißeffekt auftritt.

Die Flüssigkeit ist nur wenige sec. als dünne Schicht von 0,1—0,2 mm Stärke auf der Heizfläche. Es verdampfen dabei nur die an oder direkt unter der Oberfläche befindlichen Moleküle (bei 0,2 mm Stärke etwa 50000 Moleküllagen übereinander). Durch Zirkulation kann die Verdampfung eines Bestandteils vervollständigt werden.

Anwendung findet die Molekulardestillation bei der Herstellung von Hochvakuumpumpenölen, Hochvakuumfetten, hochviskoser Schmieröle mit flacher Viskositätstemperaturkurve.

Hrapia [29] benutzt die Molekulardestillation zur Weiterzerlegung der durch Säulenchromatographie erhaltenen Fraktionen eines Vakuumrückstandes eines Erdöls.

1.1.5. Azeotrope Destillation

Das Mischungsverhalten binärer Gemische läßt sich aus der Gleichgewichtskurve entnehmen. In Abb. 1 (S. 50) stellen *b*, *c* und *d* Gleichgewichtskurven unidealer Mischungen dar. In beiden Beispielen liegen Gemische mit ausgezeichnetem Punkt vor, von denen sich bei einem durch fraktionierte Destillation das Sumpfprodukt so lange verändert, bis die Zusammensetzung der Flüssigkeit gleich der des Dampfes ist; das ist bei einem Maximumazeotrop der Fall. Bei einem Minimumazeotrop destilliert ein Gemisch beider Komponenten ab, und im Sumpf bleibt eine Komponente rein zurück. Eine Anreicherung der leichtersiedenden Komponente über die Konzentration am ausgezeichneten Punkt hinaus ist nicht möglich.

Bei unidealen Gemischen ohne ausgezeichneten Punkt nähert sich die Gleichgewichtskurve der Diagonalen asymptotisch, das bedeutet — selbst bei einer verhältnismäßig hohen Siedepunktsdifferenz — eine große Anzahl Trennstufen, die meistens nicht zu realisieren ist.

Es gibt sehr viele *Azeotrope*, viel mehr als man vermutet. In einer Tabelle von LECAT [30] sind allein 6287 azeotrop destillierende Gemische vermerkt. Azeotrope treten nicht nur bei Verbindungen polaren Charakters auf, auch unpolare Verbindungen, beispielsweise Benzol/Cyclohexan oder Methylcyclohexan/Toluol, destillieren azeotrop. Bei engsiedenden Gemischen — und um solche handelt es sich bei der Erdölanalytik zumeist — ist allgemein mit Azeotropen zu rechnen.

Die Komponenten dieser Azeotrope haben annähernd gleichgroße Dampfdrücke, aber verschieden große Aktivitätskoeffizienten ε. Durch Zugabe eines *Hilfsstoffs*, der mit einer der beiden Komponenten ein Azeotrop bilden soll, und dessen Siedepunkt nicht mehr als $\pm$ 35° von dem der Komponenten abweicht, werden die Aktivitätskoeffizienten unterschiedlich stark verändert. ε der tiefersiedenden Komponente soll stärker erhöht werden als ε der höhersiedenden Komponente. So wird der Trennfaktor α größer, wie aus Gleichung 4a S. 51 zu ersehen ist.

Praktisch bedeutet das die Möglichkeit, die leichtersiedende Komponente über den ursprünglichen Azeotroppunkt hinaus im Dampf anzureichern.

Rossini [25] trennte aus einem engsiedenden Schnitt von 110,0—110,5°, bestehend aus Toluol, Paraffinen und Naphthenen durch Zusatz von Acetonitril durch Azeotropdestillation die Paraffine und Naphthene vom Toluol ab, wobei zwischen Paraffin-Naphthen/Azetonitril größere Abweichungen vom idealen Mischungsverhalten auftreten als bei Aromat/Acetonitril. Die Folge ist eine Anreicherung des Dampfes an Paraffinen und Naphthenen, die in jeder Konzentrationslage als erste Fraktionen zusammen mit Acetonitril abgenommen werden. Im Sumpf bleibt der Aromat zurück.

Paraffin-Naphthengemische lassen sich durch Azeotropdestillation mit Fluorchemikalien in Paraffin und Naphthen zerlegen, wie Mair [31] am Gemisch n-Propylcyclohexan/3,3,5-Trimethylpentan durch Zusatz von $(C_4F_9)_3N$ und an anderen Beispielen zeigen konnte.

Die Fluorchemikalien bilden mit Kohlenwasserstoffen positive Abweichungen vom Raoultschen Gesetz, die in der Reihenfolge Paraffin-Naphthen-Aromat zunehmen. Bei polaren Stoffen wie Alkoholen, Aminen u. a. ist die Reihenfolge umgekehrt.

Eine ganz bekannte Anwendung der Azeotropdestillation ist die Wasserbestimmung in Rohöl, bei der das Wasser mit dem Benzin, evtl. unter Zusatz von Benzol, herausdestilliert wird. Wasser/Kohlenwasserstoffe sind Heteroazeotrope, das bedeutet bei Kondensation des Dampfes Bildung von zwei flüssigen Phasen. Bei Wasserbestimmungen wird der Kohlenwasserstoffanteil des Destillats wieder in die Kolonne zurückgegeben, bis die gesamte Wassermenge herausgeschleppt ist.

1.1.6 Extraktive Destillation

Während bei der azeotropen Destillation der Hilfsstoff von vornherein dem zu trennenden Gemisch beigegeben wird und mit einer Komponente ein eigenes Azeotrop bilden soll, wird der Hilfsstoff bei der *extraktiven Destillation* oben kontinuierlich in die Kolonne eingeführt und verteilt sich gleichmäßig auf die einzelnen Trennstufen. Der Hilfsstoff darf im Fall der extraktiven Destillation mit keiner der Komponenten ein Azeotrop bilden, soll aber mit einer der zu trennenden Komponenten eine möglichst große (positive), mit der anderen eine möglichst geringe oder auch negative Abweichung vom RAOULT-schen Gesetz aufweisen.

Im Falle des Gemisches Benzol/Cyclohexan extrahiert man in der Kolonne durch Zulauf von Anilin kurz unterhalb der obersten Trennstufe das Benzol, so daß als erste Kondensatfraktionen nur reines Cyclohexan anfällt. Im Sumpf verbleibt Benzol/Anilin, von dem das Benzol auf Grund seines niedrigen Siedepunktes leicht über dieselbe Kolonne abdestilliert werden kann.

Mit Hilfe der Gas-Chromatographie lassen sich nach RÖCK [32] für beliebige Gemische sehr rasch ohne großen apparativen Aufwand zur Extraktivdestillation geeignete Hilfsstoffe ermitteln.

1.1.7. Trägerdampfdestillation

Die *Wasserdampfdestillation* ist dafür das bekannteste Beispiel. Durch Zugabe des Trägerdampfes wird eine Siedepunktserniedrigung der in Wasser unlöslichen Komponenten erreicht, da sich der Partialdruck der Komponenten und der Wasserdampfpartialdruck zum Gesamtdruck addieren. Es ergeben sich Bedingungen, die denen der Vakuumdestillation vergleichbar sind und eine thermisch schonende Behandlung der Substanzen garantiert.

Als Beispiel für die Anwendung der Trägerdampfdestillation in der Erdölanalytik sei die Isolierung des interessanten Naphthenkohlenwasserstoffs Adamantan aus HODONINER Erdöl genannt. LANDA [33] treibt mit Wasserdampf alle leichtflüchtigen bis ca. 200° siedenden Kohlenwasserstoffe — vornehmlich die Naphthene — des Erdöls über. Aus dem Wasserdampfdestillat wird dann in mehreren Stufen das Adamantan abgetrennt.

1.2. Chromatographie

Im Rahmen der physikalischen Trennverfahren gehören die chromatographischen Methoden zu der großen Gruppe, bei der *Phasengleichgewichte* zur Stofftrennung ausgenützt werden. Hierher gehören noch die fraktionierte Destillation, die fraktionierte Kristallisation sowie Verteilungsverfahren.

Allen chromatographischen Methoden ist gemeinsam, daß zwischen einer ruhenden (stationären) Phase und einer fließenden (mobilen) Phase ein laufender Stoffaustausch stattfindet. Je nach der Art der mobilen und stationären Phasen ergeben sich die folgenden Möglichkeiten:

	Stationäre	Mobile Phase:	Methode:
1	fest	flüssig	Adsorptionschromatographie
2	flüssig	flüssig	Verteilungschromatograhie
3	flüssig	gasförmig	Gas-Chromatographie
4	fest	gasförmig	

Zur Methode 1 gehören die zahlreichen Varianten der Säulen- sowie der Dünnschichtchromatographie. Zu Methode 2 gehört vor allem die Papierchromatographie, jedoch kann auch säulenchromatographisch mit Verteilung gearbeitet werden. Die gas-chromatographischen Methoden 3 und 4 werden unter 1.2.3. gesamt besprochen.

Es ist unmöglich, im Rahmen dieses Buches diese Methoden intensiv zu behandeln; zur tieferen Instruktion sei auf die einschlägigen Standardwerke verwiesen [34].

1.2.1. Adsorptionschromatographie

1.2.1.1. Allgemeines

Wie in der Tabelle im vorigen Abschnitt angeführt ist, finden die Stoffaustauschvorgänge zwischen einer festen und einer flüssigen Phase statt. Die feste Phase ist stets ein Stoff mit sehr großer Oberfläche (Adsorbens), an dem durch zwischenmolekulare und Kapillarkräfte die zu trennenden Molekeln festgehalten werden. Zwischen der Konzentration der Teilchen an der Oberfläche und in der Lösung stellt sich ein konzentrations- und temperaturabhängiges Gleichgewicht ein, dessen Konzentrationsabhängigkeit bei isothermer Arbeitsweise durch die sog. Adsorptionsisotherme ausgedrückt wird. Da aber für jeden Stoff die Konstante dieses Gleichgewichtes verschieden ist, ergibt sich die Möglichkeit, diese Unterschiede zur Trennung von Substanzen voneinander zu verwenden.

Oft unterscheiden sich die Adsorptionskoeffizienten einzelner Stoffe nur geringfügig, so daß man den Vorgang der Adsorption möglichst oft wiederholen muß, um doch noch zu einer guten Trennung zu gelangen. Eine derartige vielfache Wiederholung des Adsorptionsvorganges führt zum Verfahren der Säulenchromatographie, bei der eine Substanz bzw. deren Lösung durch eine größere Schicht des Adsorptionsmittels hindurchtreten muß, wobei sich die Adsorption an jedem Adsorbenspartikel wiederholt. Da jedoch die mobile Phase sich fortwährend entlang der Säule bewegt, bildet sich ein Konzentrationsgradient entlang der Säule aus, was die mathematische Behandlung des Problems wesentlich erschwert.

1.2.1.2. Geschichtliches

Zusammenfassende Übersichten über die geschichtliche Entwicklung chromatographischer Methoden gibt WEIL [35]. Danach scheint auch TSWETT, der meist als Begründer genannt wird, sich schon auf Vorbilder gestützt zu haben, die ihm aus der Literatur bekannt waren. Seine Technik bestand darin, daß er die einzelnen Komponenten eines Gemisches als Farbzonen auf der Säule fixierte, diese dann ausstieß und die einzelnen Komponenten aus den Zonen extrahierte.

Um 1940 entwickelte sich dann u. a. unter TISELIUS die von ihm so bezeichnete „chromatographische Grenzmethode", bei der die Konzentration der ausfließenden Lösung (Eluat) bestimmt wird. Nach dieser Methode wird heute fast ausschließlich gearbeitet.

1.2.1.3. Theorie

Zur Erzielung eines idealen Chromatogrammes sollen folgende Voraussetzungen erfüllt werden:

a) Das Gleichgewicht soll sich möglichst momentan einstellen.
b) Die Isotherme soll möglichst linear sein.
c) Die Diffusion innerhalb der flüssigen Phase soll vernachlässigbar klein sein.

Werden diese Voraussetzungen erfüllt, so ergeben sich ideale Chromatogramme mit scharfer Vorder- und Rückfront. Leider ist das in der Praxis fast nie der Fall, so daß sich durch den mehr oder minder großen Einfluß dieser Effekte Chromatogramme mit diffuser Vorder- und Rückfront ergeben.

Die mathematische Ableitung derartiger Chromatogramme haben in einer Reihe von Arbeiten GLUECKAUF, KLINKENBERG, BAYLÈ u. a. [36] durchgeführt, auf die hier aber nicht näher eingegangen werden soll. Es soll in diesem Zusammenhang auf das in der gleichen Reihe noch erscheinende Bändchen über Chromatographie hingewiesen werden. Die beiden Möglichkeiten der mathematischen Behandlung betrachten den Chromatographieprozeß entweder in Analogie zu einem vielstufigen Ausschüttelungsprozeß bzw. zur fraktionierten Destillation oder als unendlich kleines Lösungsvolumen in einem unendlich kleinen Säulenabschnitt.

1.2.1.4. Methoden

1.2.1.4.1. Elutionsanalyse

Hierbei wird die Substanz oder ihre Lösung bestimmter Konzentration auf die Säule aufgegeben und dort adsorbiert. Dann wäscht man laufend mit reinem Lösungsmittel nach, wobei das Adsorptionsgleichgewicht dauernd gestört wird. Die am schwächsten adsorbierten Moleküle wandern am schnellsten, da bei ihnen das Gleichgewicht mehr auf der Seite des Gelösten liegt, und treten demzufolge auch zuerst aus der Säule aus. Dort werden gleiche Volumina des Eluates von Hand oder automatisch (Fraktionssammler) abgenommen und in ihnen mit einer geeigneten Methode die Konzentration des Gelösten bestimmt.

In vielen Fällen wird die Elutionsanalyse diskontinuierlich durchgeführt. Dabei wird das Stoffgemisch nacheinander mit Lösungsmitteln steigender Polarität (z. B. Petroläther, Benzol, Aceton) eluiert. Da aber durch die laufende Verdünnung infolge der meist nicht linearen Adsorptionsisotherme die Adsorption stärker wird, ist gegen Ende eines Lösungsmittels die Elution unvollständig. Dieser Nachteil wird durch Elution mit einem Lösungsmittel ständig steigender Polarität umgangen (Gradientenelution).

1.2.1.4.2. Frontal- und Verdrängungsanalyse

Im Gegensatz zur Elutionsanalyse arbeitet sowohl die Frontal- als auch die Verdrängungsanalyse meist ohne Lösungsmittel. Bei der Frontalanalyse läuft das Stoffgemisch (z. B. mit den Komponenten A, B und C) allein durch die Säule. Die Komponenten bilden dann drei sich überlagernde Zonen aus, die drei Fronten stammen jeweils von einer Substanz. Innerhalb der Mischung wirkt jede stärker adsorbierte Verbindung als Verdränger für die schwächer adsorbierte Verbindung. Nach einer bestimmten Frist ist die Zusammensetzung der ablaufenden Phase die gleiche wie die der zulaufenden Phase. Lediglich ein Teil der Substanz A wird rein erhalten. Substanz B ist mit A, Substanz C mit A und B verunreinigt.

Bei der Verdrängungsanalyse wird eine bestimmte Menge eines Stoffgemisches am Kopf der Säule fixiert. Dann wird mit einem Verdrängungsmittel, dessen Adsorptionskraft größer ist als die am stärksten adsorbierte Komponente der Mischung, nachgespült. Hierbei wandert die Zone vor dem Verdrängungsmittel durch die Säule, wobei die schwächer adsorbierten von den stärker adsorbierten Molekeln verdrängt werden. Hierbei tritt theoretisch eine völlige Trennung der Komponenten auf, die aber unmittelbar aneinanderfolgend aus der Säule austreten. Die Trennwirkung kann noch verbessert werden, wenn man Komponenten (Träger) zumischt, deren Adsorptionskraft gerade zwischen denen zweier Komponenten liegt (*Trägerverdrängungsanalyse*) und die sich dann durch einfache Operationen wieder abtrennen lassen (abdestillieren, Auswaschen mit Wasser o. ä.).

1.2.1.4.3. Aufarbeitung des Eluates und Auswertung

Während bei der Frontal- und Verdrängungsanalyse nur eine Abnahme in gleichen Fraktionen lösungsmittelfreier Substanz in Frage kommt, gibt es bei der Elutionsanalyse prinzipiell zwei Möglichkeiten. Entweder man teilt das Eluat selbst in gleiche Fraktionen und bestimmt in ihnen die Konzentration des Gelösten, oder aber man entfernt in einem Durchlaufverdampfer kontinuierlich das Lösungsmittel aus dem Eluat und nimmt dann gleiche Fraktionen lösungsmittelfreier Substanz ab.

Die Auswertung kann bei lösungsmittelfreien Substanzfraktionen nur in Form von Kennzahlkurven erfolgen, bei denen der Verlauf einer Kennzahl mit steigender Fraktionszahl aufgezeichnet wird (Abb. 5a). Bei der Abnahme gleichgroßer Eluatfraktionen ergibt sich bei Auftragung des Verhältnisses der Konzentrationen von ausfließender (c) und Einsatzlösung (c_0) gegen das Volumen (V) der durchgeflossenen Lösung die sog. „Durchbruchskurve“, bei Auftragung von C gegen V die sog. „Elutionskurve“ (Abb. 5b u. c). Auf die Form der Durchbruchsbzw. Elutionskurven haben Art und Korngröße des Adsorbens, die Säulenlänge, die Durchflußgeschwindigkeit und selbstverständlich auch die Temperatur einen großen Einfluß, wobei es von Fall zu Fall verschieden ist, welcher Effekt vorherrscht. Bei eigenen Arbeiten haben sich folgende Bedingungen als günstig erwiesen:

Temperatur:	zwischen 20–40°
Durchflußgeschwindigkeit:	zwischen 0,5–1,5 ml/cm^2 Min.
Partikelgröße:	Kieselgel 0,1–0,4 mm
Säulenlänge:	1–18 m

1.2.1.4.4. Dünnschichtchromatographie

Diese von STAHL [37] eingeführte Methode wird auch als „offene Adsorptionssäule“ bezeichnet. Auf Glasplatten wird eine Mischung des feinstgemahlenen Adsorbens (SiO_2, Al_2O_3, Kieselgur, Cellulose) mit Gips als Paste aufgestrichen und getrocknet. Die so gewonnenen Schichten werden zur Trennung der verschiedensten Stoffgemische eingesetzt, wobei mit kurzen Laufzeiten (20–50 Min.) ausgezeichnete Trennungen erzielt werden. Auf den rein anorganischen Schichten (SiO_2, Al_2O_3,

Kieselgur) können die aggressivsten Sprühmittel angewendet werden.

Die Methode hat sich innerhalb kürzester Frist durchgesetzt. Die Zahl der beschriebenen Anwendungen aus

a

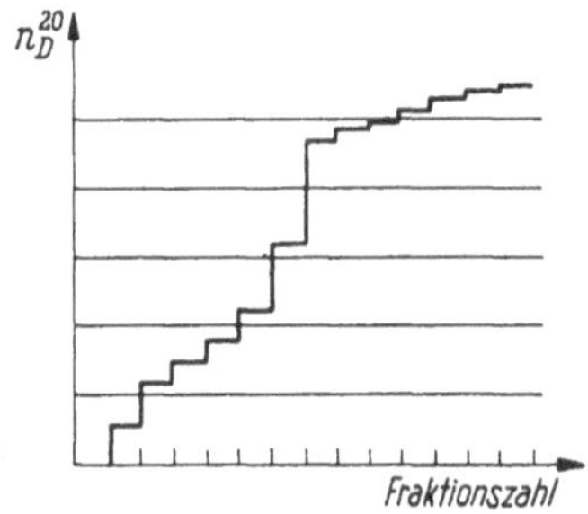

b

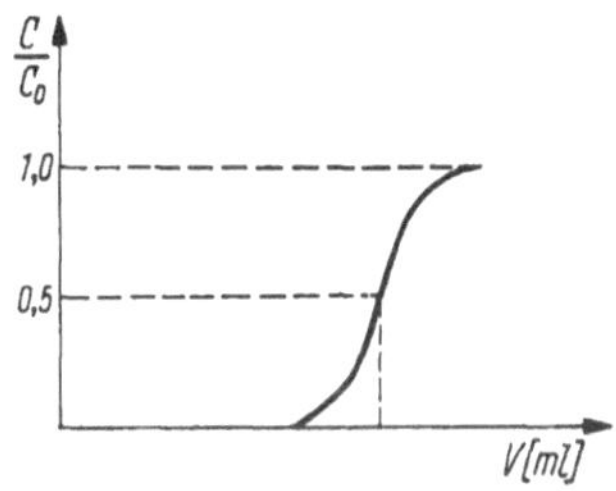

c

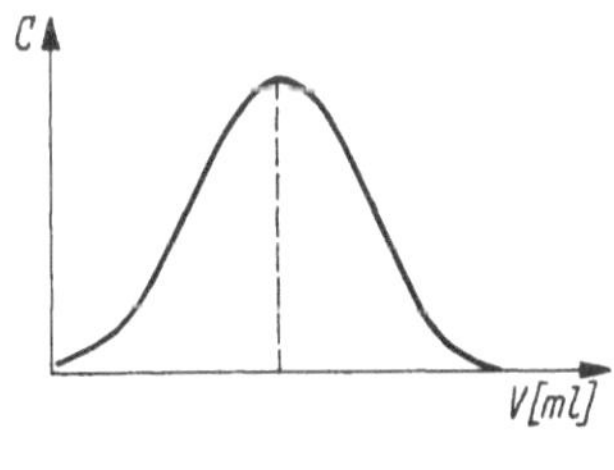

Abb. 5 Typische Formen von Kennzahlkurve, Durchbruchskurve und Elutionskurve
a – Kennzahlkurve;
b – Durchbruchskurve;
c – Elutionskurve

allen Gebieten der anorganischen und organischen Chemie ist in den letzten Jahren lawinenartig angewachsen, so daß in letzter Zeit die Herausgabe von zwei Monographien erfolgte, in denen die bisher vorliegenden Ergebnisse zusammengefaßt wurden [38].

Der Vorteil dünnschichtchromatographischer Methoden ist ihre außerordentliche Schnelligkeit bei gleichzeitiger hoher Trennschärfe. Direkte Anwendungen auf das Gebiet der Erdölanalytik sind jedoch noch nicht bekanntgeworden.

1.1.2.5. Anwendungsbeispiele

In der Erdölchemie wird die Chromatographie in verschiedenster Art als schonende Methode zur Zerlegung von Stoffgemischen genützt. Während man die Verfahren ohne Lösungsmittel (Verdrängung) besonders bei leichtflüchtigen Verbindungen im Benzinsiedebereich zur Trennung der Aliphaten von den Aromaten benutzt, empfiehlt sich die Elutionschromatographie überall dort, wo man die Substanzen nicht ungelöst auf die Säule aufgeben kann.

a) Abtrennung der Aromaten aus einem Benzinschnitt 90—180 °C

In einer Säule von 6 m Länge und 100 mm ⌀ wird trockenes, bei 400° aktiviertes Silikagel 0,1—0,4 mm ⌀ eingefüllt und gut festgeklopft. Auf diese Säule werden 17,5 *l* des Benzinschnittes und nach dem Eindringen der Probe ins Silikagel 2 *l* Isopropanol als Verdränger aufgegeben. Danach wird mit 10 *l* Aceton und schließlich mit 25 *l* Wasser nachgespült. Die am Säulenende austretende Substanz wurde in Fraktionen zu 500 m*l* abgenommen, von denen die Refraktionen bestimmt wurden. Abb. 6 zeigt den Verlauf der Refraktionen. Bis zur 24. Fraktion bleibt die Refraktion konstant, dann steigt sie bis zur 32. Fraktion stark an, um schließlich steil bis zur Refraktion des Isopropanols abzufallen (Fraktion 35). Die Fraktionen 1—24 sind rein aliphatisch, ihre Menge beträgt 12 *l* = 68,8 Vol.-% des Einsatzes. Die restlichen Fraktionen sind Aromaten, gemischt mit Aliphaten. Der

Aromatenanteil beträgt ca. 25% (im Ausgangsgemisch ca. 8%), was einer Anreicherung auf das Dreifache entspricht. Durch weitere Chromatographie des Aromatenanteiles kann die Aromatenkonzentration bis auf ca. 95% gesteigert werden.

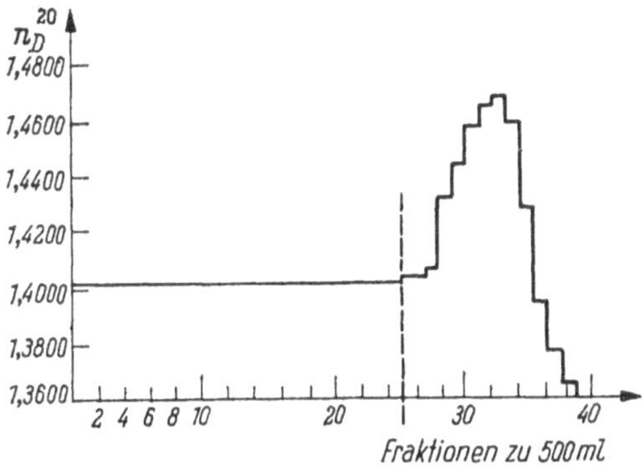

Abb. 6 Verdrängungschromatogramm eines Benzinschnittes an Silicagel (nach LEIPNITZ [27])

b) Zerlegung monocyclischer Aromaten aus einem Schmierölextrakt

In eine Stahlsäule von 18 m Länge und 50 mm lichte Weite werden ca. 14 kg Silikagel, Körnung 0,1–0,4 mm, in Isooktan eingeschlämmt. Dabei läuft das Lösungsmittel am Fuß der Säule kontinuierlich ab, so daß sich das Adsorbens gleichmäßig in der Säule sedimentiert. Auf die so vorbereitete Säulenfüllung wird eine Probe von 600 ml Produkt, gelöst in 1000 ml Isooktan, aufgegeben. Das Produkt stammt aus der chromatographischen Vortrennung eines Schmierölextraktes und enthält nur Verbindungen mit 1 aromatischen und 1–2 naphthenischen Ringen. Das Verhältnis Produkt:Adsorbens beträgt ~1:25. Nach dem Einlauf des Produktes wird mit reinem Isooktan, später mit Benzol, eluiert. Das am Fuß der Säule ablaufende Eluat wird einem Durchlaufverdampfer zugeführt, wo das Lösungsmittel kontinuierlich abgetrieben wird. Die ablaufende Substanz wird in Fraktionen zu 60 ml aufgefangen. Der zeitliche und stoffliche Verlauf der Chromatographie, die sich über ca. 5 Tage erstreckt, ist in Abb. 7 dargestellt.

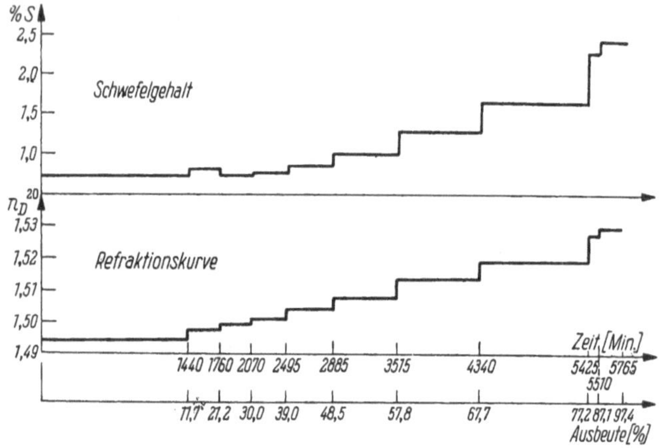

Abb. 7 Zerlegung monocyclischer Aromaten aus einem Schmierölextrakt an Silicagel (nach FINKE [16])

1.2.2. Verteilungschromatographie

1.2.2.1. Allgemeines

Nach der zu Beginn dieses Kapitels gegebenen Übersicht versteht man unter dem Begriff Verteilungschromatographie chromatographische Trennoperationen, bei denen die Verteilung eines Stoffgemisches zwischen zwei nichtmischbaren flüssigen Phasen zur Trennung ausgenützt wird. Im weiteren Sinne gehört auch die Gas-Chromatographie (vgl. Kapitel 1.2.3.) zu den Verteilungsverfahren; hierbei findet die Verteilung zwischen einer flüssigen und einer gasförmigen Phase statt.

Zu den flüssig-flüssig-verteilungschromatographischen Verfahren gehört vor allem die Papierchromatographie, jedoch ist es im Prinzip auch möglich, durch die Belegung eines geeigneten Trägermaterials mit einer flüssigen Phase derartige Trennungen in der Säule oder auf Glasplatten (Dünnschichtchromatographie) durchzuführen. Wegen ihrer großen Bedeutung soll hier jedoch hauptsächlich die Papierchromatographie besprochen werden.

1.2.2.2. Geschichtliches

Als Vorläufer der Papierchromatographie kann man die von SCHOENBEIN, GOPPELSRÖDER u. a. schon in der 2. Hälfte des 19. Jahrhunderts benützte Kapillaranalyse betrachten. Hierbei wurde die Zonenbildung bei der eindimensionalen Durchdringung von Lösungen in Filterpapier ausgenützt. Die Methode fand vor allem in der pharmazeutischen Chemie großen Anklang und wird dort teilweise bis zum heutigen Tage benutzt. Dagegen kann man die Arbeiten von RUNGE als Vorläufer der Rundfilterchromatographie auffassen. Er benutzte Filterpapier als Hilfsmittel für die Durchführung verschiedenster Reaktionen, wobei er eine Probe auf das Papier auftropfte und aus der Art der dabei entstehenden konzentrischen Ringe seine Schlüsse zog [Sammlungen von „Musterbildern“ (1850); „Bildungstrieb der Stoffe“ (1855)].

Bei beiden Methoden findet in kaum einem Fall die Entwicklung mit reinem Lösungsmittel Anwendung. Es erfolgt deshalb stets nur eine „Frontalanalyse“ der Probe. Erst CONSDEN, GORDON, MARTIN u. SYNGE führten im Jahre 1943 die Papierverteilungschromatographie ein, die auf der Grundlage der TSWETTschen Chromatographie, der Gegenstromverteilung und teilweise der Kapillaranalyse entstand. Hier findet die Verteilung zwischen zwei Flüssigkeiten statt, die je nach Anforderung wäßrig oder organisch sein können.

Die Anzahl der Arbeiten papierchromatographischen Inhalts wuchs seit dieser Zeit lawinenartig an und zeigt die große Bedeutung dieser Methode in allen Gebieten der anorganischen, organischen und der Biochemie. Sichtbarer Ausdruck dieser Bedeutung war die Verleihung des Nobelpreises an MARTIN und SYNGE im Jahre 1952.

1.2.2.3. Theorie

Zur theoretischen Beleuchtung der Vorgänge bei der Verteilungschromatographie müssen folgende Probleme beachtet werden:

1. Konzentrationsverteilung
2. Beziehungen zwischen Struktur und chromatographischem Verhalten der Substanzen.

Die mathematische Behandlung der Konzentrationsverteilung ist analog der der Adsorptionschromatographie. Es wird deshalb hier nur nochmals auf den Band „Chromatographie“ der gleichen Reihe verwiesen.

Während jedoch bei der Adsorptionschromatographie die Isotherme die maßgebliche Stoffeigenschaft darstellt, ist bei der Verteilungschromatographie der Verteilungskoeffizient α, d. h. das Verhältnis der Konzentrationen in den beiden Phasen die entsprechende Maßzahl. α ist stoffspezifisch, je stärker sich also die α-Werte zweier zu trennender Verbindungen unterscheiden, desto besser wird die Trennung gelingen. Das Verhältnis der Verteilungskoeffizienten $\alpha_1 : \alpha_2$ wird als Trennfaktor β bezeichnet. Es ist einleuchtend, daß bei $\beta = 1$ keine Trennung erzielt werden kann.

Zwischen dem Verteilungskoeffizienten α und der Lage des Fleckes im Chromatogramm besteht eine eindeutige

Beziehung, die u. U. zur Bestimmung von α dienen kann. Bezeichnet man das Verhältnis der Entfernung des Substanzmaximums X_S zur Entfernung der Lösungsmittelfront X_L als R_F (retention factor), das Verhältnis der Konzentrationen des betrachteten Stoffes in den beiden Phasen $C_S : C_L = \alpha$, so gilt die Beziehung

$$R_F = \frac{C_L}{C_L + \alpha \cdot C_S} \quad \text{oder} \quad \alpha = \frac{C_L}{C_S} \cdot \left(\frac{1}{R_F} - 1\right).$$

Im Normalfall ist α eine Konstante, so daß aus Abweichungen von diesen Beziehungen Rückschlüsse auf die Gegenwart anderer Mechanismen (z. B. Adsorption, Diffusion, Dissoziation, H-Brückenbildung) gezogen werden können.

Zur Frage der Beziehungen zwischen Struktur und chromatographischem Verhalten existiert bisher noch keine genaue Theorie. Es wurden lediglich Erfahrungen und Einzeltatsachen zusammengetragen und Ähnlichkeiten festgestellt. Jedoch soll hier kurz auf einige wesentliche Erscheinungen verwiesen werden.

So ist die Polarität (Dipolmoment) des Moleküls von Einfluß auf den R_F-Wert; ist die stationäre Phase polarer als die mobile, so wird die Erhöhung der Polarität der Substanz (z. B. durch Einführung einer polaren Gruppe) zu einer Erniedrigung des R_F-Wertes führen. Oft führt auch der Übergang von einer wenig oder nicht polaren Phase zu einer polaren zu Änderungen der R_F-Werte. Führt z. B. sterische Hinderung zu einer Verschlechterung der Wechselwirkung mit den Lösungsmittelmolekülen, so führt das zu einer Verschlechterung des Verteilungskoeffizienten und zu einer Vergrößerung des R_F-Wertes. Auch die Konformation der Cyclohexanderivate hat Einfluß auf die R_F-Werte, was z. B. bei Steroiden von Bedeutung ist. Hier haben Moleküle mit axialen OH-Gruppen (wieder bei stärker polarer stationärer Phase) höhere R_F-Werte als ihre Isomeren mit äquatorialen Hydroxylen. Auch andere Isomeriefälle (cis-trans, threo-erythreo, optische Isomere) führen in manchen Fällen zu verschiedenen R_F-Werten, ebenso wie Verbindungen, die zur Bildung innermolekularer Wasserstoffbrücken neigen (z. B. o-Oxybenzoesäure, 2,6-Dioxybenzoesäure u. a.). Letztere Verbindungen besitzen gegenüber ihren Stellungsisomeren stets höhere R_F-Werte, da ihre Löslichkeiten in den polaren stationären Phasen stark vermindert werden.

1.2.2.4. Methodisches

1.2.2.4.1. Papier — Imprägnierung — Probeaufgabe

Die Herstellung der chromatographischen Papiere erfolgt aus Baumwollinters durch alkalischen Aufschluß, Waschen und Bleichen. Der Rohzellstoff wird naß vermahlen und gesiebt und schließlich als Papiervließ getrocknet und gepreßt.

Das Papier besteht zu 95—99% aus α-Cellulose mit einem hohen Polymerisationsgrad (STAUDINGER). Ein geringer Gehalt an Oxycellulose (Carboxylgruppen) verursacht in wäßriger Lösung eine negative Ladung und somit Eigenschaften eines Ionenaustauschers. Als Verunreinigungen können weiter Aminosäuren, Fette, Wachse und Harze sowie Ca, Mg und geringe Mengen Schwermetalle (Cu, Fe) auftreten. Für die meisten Zwecke stören diese Verunreinigungen nicht, andernfalls müssen die Papiere vorher ausgewaschen werden.

Für hydrophile Verbindungen werden die Papiere ohne Imprägnierung verwendet. Hier ist das System Cellulose-H_2O (gebunden oder Oberflächenwasser) die stationäre Phase. Lipophile Verbindungen wandern hier mit der Front. Zu ihrer Trennung müssen die Phasen „umgekehrt" werden. Dazu werden die Papiere mit Silikonöl, Paraffinöl, Petroleum u. ä. Verbindungen imprägniert, die mobile Phase ist dann die polare. Die Imprägnierung erfolgt durch Tauchen des Papieres in der Substanz (Petroleum) oder deren Lösung in einem leichtflüchtigen Lösungsmittel. Der Überschuß wird durch Abpressen entfernt. Als Laufmittel dienen dann meist wäßrige

Alkohole oder Säuren. Der erzielbare Effekt bei der Trennung ist abhängig von der Menge der aufgenommenen Imprägnierung, diese wiederum von der Konzentration der Lösung, von der Art der Imprägnierung und von der Papiersorte.

Auf das fertig vorbereitete Papier wird dann die Probenlösung auf den angezeichneten Startpunkt aufgetragen. Allgemein werden 5—10 μl Probenvolumen ausreichend sein; für präparative Zwecke werden auch größere Volumina aufgetragen. Man ist bemüht, die Probe auf einen möglichst kleinen Raum aufzutragen, um die Trennschärfe zu steigern. Für das Auftragen sind Hilfsgeräte und Pipetten in großer Zahl beschrieben worden. Für die meisten qualitativen Arbeiten genügen Mikropipetten nach Art der hämatologischen Pipetten. Für quantitative Auswertungen werden vorteilhaft Injektionsspritzen mit Mikrometerschrauben o. ä. verwendet. Größere Substanzmengen können auf einmal oder wiederholt nach dem jeweiligen Eintrocknen einer Probe aufgetragen werden. Schließlich sei noch darauf hingewiesen, daß auch Feststoffe, Pulver, Gewebe u. ä. Proben direkt auf das Papier aufgebracht und dann chromatographiert werden können.

1.2.2.4.2. Das Entwickeln

Nach dem Auftragen der Probe wird das Chromatogramm entwickelt. Das für den jeweiligen Zweck geeignete Laufmittel muß in Vorversuchen ermittelt werden. Bei der Auswahl des Laufmittels müssen folgende Eigenschaften berücksichtigt werden: Das Laufmittel soll die zu trennenden Verbindungen möglichst gleichmäßig über das Chromatogramm verteilen, der Unterschied zwischen zwei R_F-Werten soll mindestens 0,05 betragen; weder mit den zu trennenden Verbindungen noch mit den Nachweisreagenzien darf das Laufmittel reagieren.

Die Entwicklung kann wahlweise aufsteigend, absteigend oder radial durchgeführt werden. Für alle diese

Techniken sind zahlreiche Hilfsmittel und Geräte beschrieben worden, die hier nicht näher erläutert werden sollen. Selbstverständlich können auch mehrere Verfahren miteinander kombiniert werden.

In den meisten Fällen wird die Entwicklung in einer Kammer durchgeführt, die mit den Lösungsmitteldämpfen gesättigt ist. Dadurch wird einer Verdampfung leichtflüchtiger Lösungsmittel vom Papier entgegengewirkt und eine Veränderung der Zusammensetzung des Laufmittelsystems vermieden. In manchen Fällen ist es auch notwendig, in einer inerten Atmosphäre (H_2, N_2, H_2S u. ä.) zu arbeiten, um unerwünschte Reaktionen der Substanzen (z. B. mit dem Luft-O_2 oder den im Papier enthaltenen Schwermetallspuren) zu vermeiden.

1.2.2.4.3. Die Auswertung der Chromatogramme

Nachdem das Chromatogramm eine bestimmte Zeit entwickelt wurde, wird das Papier aus der Entwicklungskammer herausgenommen und die getrennten Substanzen ausgewertet. Die Laufzeit der Chromatogramme ist abhängig von der Art der zu trennenden Substanzen, dem Laufmittelsystem und der Art des verwendeten Papieres. Vorteilhaft wird man so lange entwickeln, bis die Laufmittelfront etwa $^3/_4$ bis $^4/_5$ des Papiers erreicht hat.

Als erstes wird nach der Entwicklung die Laufmittelfront angezeichnet und dann das Papier getrocknet. Das geschieht meist im Trockenschrank bei Temperaturen zwischen 60—120°, bei thermisch empfindlichen Verbindungen genügt ein lauwarmer Luftstrom.

Danach werden die Flecken, falls sie nicht selbst farbig sind, durch physikalische oder chemische Methoden sichtbar gemacht. Zu den physikalischen Methoden gehören vor allem solche, die unter Mithilfe verschiedenartigster Strahlung (meist UV-Licht, sichtbares Licht) Lage und Form der Flecken anzeigen. Lassen sich die Substanzen auf solche Weise nicht sichtbar machen, so werden die

Chromatogramme mit geeigneten Reagenzien behandelt, die mit den getrennten Verbindungen farbige Reaktionsprodukte liefern. Als Beispiel soll hier nur die Reaktion von Aminosäuren und Ninhydrin, die Bildung von Azofarbstoffen mit diazotierter Sulfanilsäure und die Reaktion der Aldehyde und Ketone mit 2.4-Dinitrophenylhydrazin unter Bildung der gefärbten 2.4-Dinitrophenylhydrazone erwähnt werden. Auch anorganische Reagenzien wurden erfolgreich zum Nachweis eingesetzt. Oftmals werden auch mehrere Reagenzien auf einem Chromatogramm angewendet.

Schließlich soll noch auf eine Gruppe von Nachweismethoden hingewiesen werden, die in der Biochemie große Bedeutung erlangt haben. Es sind dies die verschiedenen Arten der enzymatischen und biologischen Nachweise, die bestimmte Aktivitäten auf dem Chromatogramm durch Wachstumshemmung, Hormontests u. a. biologische Testmethoden nachweisen. Hierzu ist aber in den meisten Fällen die vorherige Elution der Wirkstoffe aus dem Chromatogramm erforderlich.

Nachdem durch eine der vorerwähnten Methoden die getrennten Substanzflecken sichtbar gemacht wurden, kann nun die Bestimmung der Lage durch Ausmessen der R_F-Werte erfolgen. Der R_F-Wert ist definiert als der Quotient

$$R_F = \frac{\textit{Start} - \textit{Substanzmitte}\ [\mathrm{cm}]}{\textit{Start} - \textit{Lösungsmittelfront}\ [\mathrm{cm}]}$$

und liegt dementsprechend zwischen 0 und 1 (vgl. Abschnitt 1.2.2.3.). Man kann auch auf eine bekannte Standardverbindung beziehen, was vor allem bei Durchlaufchromatogrammen vorteilhaft ist (wenn bei langsam laufenden Verbindungen die Lösungsmittelfront über das Papierende hinausläuft). Dann gilt:

$$R_X = \frac{\textit{Start} - \textit{Substanzmitte}\ [\mathrm{cm}]}{\textit{Start} - \textit{Standardmitte}\ [\mathrm{cm}]}$$

Die R_X-Werte können kleiner oder größer als 1 sein, je nachdem, ob der Fleck der gesuchten Verbindung langsamer oder schneller läuft als die Bezugsverbindung. Selbstverständlich muß bei der Beurteilung der R_F-Werte darauf geachtet werden, daß sie von einer ganzen Reihe von Faktoren beeinflußt werden können. So verlangen Bate-Smith und Westall folgende Bedingungen zur Erzielung reproduzierbarer Werte:

Konstante Temperatur

Gut gemischtes und gealtertes Lösungsmittel

Laufstrecke mindestens 25 cm

Dicht verschlossene Kammer

Stets gleiche Arbeitsweise (Auftragen, Trocknen, Nachweis)

Verwendung einer Kontrollsubstanz.

Soll das Chromatogramm quantitativ ausgewertet werden oder werden die getrennten Substanzen für weitere Untersuchungen benötigt, so müssen die Flecken vom Chromatogramm eluiert bzw. ausgewaschen werden. Vorteilhaft verfährt man dabei so, daß man auf einem Streifen des Chromatogrammes, den man evtl. abschneidet, die Substanzen sichtbar macht und danach den Rest des Chromatogrammes zerschneidet; die substanzhaltigen Teile werden dann im Durchlauf oder unter Rückfluß extrahiert. Da hierbei meist auch die Papierverunreinigungen extrahiert werden, ist es in solchen Fällen angebracht, das Papier vor der Trennung mit dem gleichen Lösungsmittel auszuwaschen. Nach der Elution der Proben können diese weiterverarbeitet oder der quantitativen Auswertung zugeführt werden.

Die quantitative Auswertung muß jedoch nicht immer im Eluat durchgeführt werden. Es sind auch zahlreiche Beispiele beschrieben, in denen durch Ausmessung der Fleckengröße, durch Photometrie der farbigen, transparenten oder fluoreszierenden Flecken sowie durch

Ausmessung bestimmter physikalisch-chemischer Eigenschaften (Hochfrequenzmessung, Potentiometrie, Polarographie) eine quantitative Bestimmung schon am Papier ermöglicht wird.

Nach der Elution kann praktisch jede beliebige Methode zur quantitativen Bestimmung benutzt werden. Dabei ist es vorteilhaft, möglichst mehrere Analysenproben mit verschiedenen Konzentrationen gleichzeitig zu chromatographieren und auszumessen, da die Substanzverluste oft nicht den absoluten Mengen proportional sind. Besonders verbreitet sind kolorimetrische Methoden (Aminosäuren, Purine, Farbstoffe u. a.).

Zum Abschluß dieses Kapitels sei kurz noch auf einige Fragen der Dokumentation hingewiesen. Die Aufbewahrung aller Chromatogramme z. B. bei Serienanalysen würde mit der Zeit ein recht umfangreiches Archiv ergeben. Hier genügt die Notiz der Ergebnisse evtl. unter Hinweis auf ein Standardchromatogramm. In anderen Fällen jedoch ist es notwendig, die fertigen Chromatogramme über längere Zeit aufzubewahren. Das geht aber nur bei unverändert haltbaren Chromatogrammen. Es sind vielerlei Vorschläge gemacht worden, um schnell verblassende Chromatogramme durch Überziehen oder Übersprühen mit Lacken, Kunststoffolien und -dispersionen oder Paraffin zu konservieren. Durch sofortige Photographie (am besten farbig) der fertigen Chromatogramme hat man eine Möglichkeit in der Hand, auch sehr schnell verblassende Reaktionen dauerhaft zu dokumentieren.

1.2.2.5 Präparative Methoden

Während für die reine Analytik gerade die Möglichkeit der Papierchromatographie vorteilhaft ist, mit sehr geringen Substanzmengen noch gute Trennungen zu erreichen, ist für den präparativ arbeitenden Chemiker die Beschränkung auf kleine Substanzmengen hinderlich.

Deshalb wurden Verfahren entwickelt, die das der Papierchromatographie zugrunde liegende Prinzip in größeren Dimensionen auszunutzen versuchen. Hierfür gibt es zwei Möglichkeiten: einmalige Auftragung einer größeren Menge Substanz auf größere Einheiten aus Filterpapier oder Filterkarton oder kontinuierliche Chromatographie. Die erste Methode wird hierbei normalerweise angewendet. Zur Vergrößerung der Kapazität wird dabei auch an mehreren (bis zu 100) Filterpapierbogen gleichzeitig gearbeitet (multiplikative Chromatographie) oder man benutzt einen Papierstoff, der zwischen zwei Platten fest eingeklemmt wird (Chromatopile, Chromatopack). Auch Rollen aus Filterpapier, die in ein Rohr eingeschoben werden, wurden benutzt.

Den Übergang zur eigentlichen Säulenchromatographie stellt dann das Arbeiten mit Cellulosepulver in einer chromatographischen Säule dar. Es ist leicht einzusehen, daß neben Cellulose auch jeder andere Träger benutzt werden kann, der in der Lage ist, eine flüssige Phase genügend festzuhalten. Der Träger kann trocken in die Säule eingefüllt und dann mit der stationären Phase befeuchtet werden. Anschließend wird mit der mobilen Phase so lange gewaschen, bis der Überschuß an stationärer Phase entfernt ist (klar ablaufendes Filtrat). Analog der Methodik bei der Adsorptionschromatographie kann der Träger auch eingeschlämmt werden, wobei entweder eine Lösung der stationären Phase oder diese selbst als Lösungsmittel zum Anschlämmen benutzt werden kann. Auf jeden Fall ist der Herstellung der Säulenfüllung große Sorgfalt zu widmen.

Beim Übergang vom Papier zur Säule muß berücksichtigt werden, daß an der Säule die Trennung meist schlechter ist als am Papier und daß an der Säule die R_F-Werte in der Regel höher sind als am Papier, was durch die relativ größere Menge der mobilen Phase in der Säule hervorgerufen wird.

1.2.2.6. Anwendungen

Direkte Anwendungen der flüssig-flüssig Verteilungschromatographie auf Kohlenwasserstoffgemische sind bis heute nur wenig bekannt geworden. Die meisten dieser Arbeiten beschäftigen sich mit der papierchromatographischen Analyse höherer aromatischer Kohlenwasserstoffe, besonders in der Erforschung karcinogener Verbindungen.

Erst in den letzten Jahren sind auch Versuche bekannt geworden, an Adsorbentien bzw. Trägern, die mit einer flüssigen Phase imprägniert waren (Anilin, Diphenylchlorsilan, Oxydipropionitril) eine Verteilungschromatographie von Kohlenwasserstoffen durchzuführen. So versuchten Melpolder und Mitarbeiter die Trennung von Paraffinen und Cycloparaffinen an Anilin auf Silikagel, Nekrassow u. a. benutzten zur Trennung von S-Verbindungen und Kohlenwasserstoffen ein Silikagel, dessen Oberfläche mit NiS belegt und mit Diphenylchlorsilan imprägniert wurde, und schließlich bestimmten Yi-Chung Chang und Wotring die Verteilungskoeffizienten von aromatischen Kohlenwasserstoffen zwischen Oxydipropionitril und Isooktan zu 0,5—14, benutzten aber die Craigsche Gegenstromverteilung zur Trennung, wobei nach 60 Stufen noch keine einwandfreie Zerlegung erzielt werden konnte. Allgemein kann man feststellen, daß von der Verteilungschromatographie noch eine wesentliche Belebung der Methoden zur Kohlenwasserstofftrennung erwartet werden sollte.

1.2.3. Gas-Chromatographie

1.2.3.1. Allgemeines

Im Kapitel Destillation wurde im Zusammenhang mit der Extraktivdestillation die Gas-Chromatographie als Methode zur Ermittlung von Hilfsstoffen nach Röck [32] erwähnt. Anknüpfend an die allgemeinen Betrachtungen über Papier- und Säulenchromatographie soll jetzt noch eine Darstellung über das Gebiet und die Bedeutung der Gas-Chromatographie folgen.

Die Gas-Chromatographie ist die chromatographische Methode, die in ihrer Bedeutung mit weitem Abstand vor den anderen chromatographischen Methoden rangiert. Das liegt in der universellen Anwendbarkeit auf alle unzersetzt verdampfbaren oder reproduzierbar zersetzbaren, aber unverdampfbaren Verbindungen begründet. Ihr Anwendungsbereich erstreckt sich von der Analyse der permanenten Gase bis zur Analyse von n-Paraffinen mit bis zu 40 C-Atomen. Wenn die zu untersuchenden Verbindungen unverdampfbar sind, wie z. B. die Barbiturate, sich aber unter definierten Bedingungen zersetzen lassen, erhält man ebenfalls charakteristische Bruchstücke, aus deren Anwesenheit und Menge auf die ursprüngliche Substanz geschlossen werden kann.

1.2.3.2. Arten der Gas-Chromatographie

Wie der Name schon sagt, findet diese Chromatographie in der Gasphase statt; feste oder flüssige Verbindungen werden erst in den Dampf verwandelt. Man findet deshalb auch oft — besonders in der Literatur vor 1960 — die Bezeichnung Dampfphasenchromatographie.

Zur Trennung von Komponenten stehen grundsätzlich die Adsorption an aktiven festen Stoffen wie Silikagel, Molekularsieb, Aktivkohle oder die Verteilung zwischen Gasphase und einer auf einem festen inerten Träger aufgebrachten flüssigen Phase zur Verfügung. Das erste Verfahren wird als Adsorptions-Gas-Chromatographie oder Fest-Gas-Chromatographie (SGC von Solid-Gas-Chr.) bezeichnet.

Das zweite Verfahren ist die Verteilungs-Gas-Chromatographie oder Flüssig-Gas-Chromatographie (LGC von Liquid-Gas-Chr.). Der Trennvorgang kann durch Entwicklung (Elution), Frontalanalyse (Verdrängung mit dem eigenen Stoffgemisch), Verdrängungsanalyse (Verdrängung mit einem Hilfsstoff) und durch Thermokreislauftechnik (ein längs der Säule bewegtes Temperaturfeld) erfolgen. Bei SGC ist Entwicklungs-, Frontal- und Verdrängungsanalyse sowie die Thermokreislauftechnik anwendbar. Bei LGC sind bis auf die Verdrängungsanalyse alle anderen Techniken möglich.

Der Elutionsanalyse wird wegen der besseren Beherrschbarkeit in den meisten Fällen der Vorzug gegeben. Abhängig davon, ob bei konstanter oder sich ändernder Trennsäulentemperatur gearbeitet wird, unterscheidet man isotherme Gas-Chromatographie oder Thermo-Gas-Chromatographie, wobei bei letzterer Arbeitsweise die Temperatur sich stetig oder in Stufen ändern kann.

Für die Kreislauftechnik bürgert sich immer mehr die Bezeichnung Gas-Chromathermographie ein. Weiterhin unterscheidet man zwischen der nun schon klassischen Gas-Chromatographie mit gepackten Säulen und der neueren mit ungefüllten, leeren Säulen mit geringem Durchmesser, die Kapillar-Gas-Chromatographie.

Bei der klassischen Gas-Chromatographie stellt die Trennsäule ein Rohr dar, das entweder mit dem gekörnten Adsorptionsmittel oder einem inerten körnigen Träger mit Trennflüssigkeit beladen, gefüllt ist. Für allgemeine Trennprobleme ist diese Art der Trennsäule gut geeignet. Die Länge der Säule variiert zwischen 2 und 10 m. Für schwierige Trennungen müssen Hochleistungstrennsäulen verwendet werden, die aber schwierig zu handhaben sind. So gab SCOTT [39] eine 30 m lange zur Kohlenwasserstoffanalyse geeignete Hochleistungstrennsäule mit ca. 30000 Trennstufen an.

Zu etwa derselben Zeit brachte GOLAY [40] in einer mathematischen Ableitung zum Ausdruck, daß ein leeres, dünnes und langes Rohr, dessen Innenwandung mit einem sehr dünnen Film der Trennflüssigkeit bedeckt ist, dieselben Trenneigenschaften wie gepackte Trennsäulen aufweisen müßte. DESTY und SCOTT [41] verwirklichten diese Theorie und gaben damit den Anstoß zur Entwicklung der Kapillar-Gas-Chromatographie, die bei der Bewältigung schwierigster Trennaufgaben fast Unmögliches leistet.

1.2.3.3. Grundlagen der Gas-Chromatographie

1.2.3.3.1. Apparatives

Um Gas-Chromatographie betreiben zu können, ist ein gewisser Umfang an apparativen Einrichtungen, die nicht zum normalen Laboratoriumsinventar gehören, notwendig. Ein Gas-Chromatographiegerät besteht prinzipiell, wie in Abb. 8, dem Blockschaltbild zu sehen ist, aus dem Probengeber zur Einschleusung der Probe in die

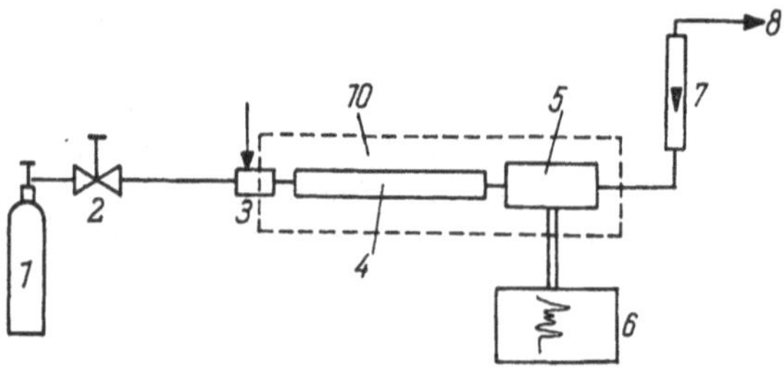

Abb. 8 Blockschaltbild einer gas-chromatographischen Apparatur
1 – Stahlflasche; *2* – Feinreduzierventil; *3* – Probeneingabe; *4* – Trennsäule; *5* – Detektor; *6* – Registrierinstrument; *7* – Rotameter; *8* – Ausgang; *10* – Thermostat

darauffolgende Trennsäule, die die Trennung des Gemisches in die einzelnen Komponenten bewirkt, die ein an das Ende der Trennsäule angeschlossener Detektor im Trägergas aufspürt, der deren Konzentration entsprechend ein elektrisches Signal erzeugt, das von einem Kompensationsbandschreiber registriert wird. Aus einer Stahlflasche wird über einen Druckminderer das Trägergas entnommen, dessen Menge meist am Ende der Apparatur durch einen Strömungsmesser kontrolliert wird.

Für weitergehende Information über Apparatives sei auf die entsprechenden Standardwerke hingewiesen [42].

1.2.3.3.2. Der Trennvorgang

Die Vorgänge bei der gas-chromatographischen Trennung beruhen auf der Verteilung der Komponenten zwischen zwei Phasen, der beweglichen Gasphase und der entweder festen oder auf einem inerten festen Träger angeordneten flüssigen Phase.

Für die Adsorptions-Gas-Chromatographie mit fester stationärer Phase gelten die Adsorptionsgesetze von

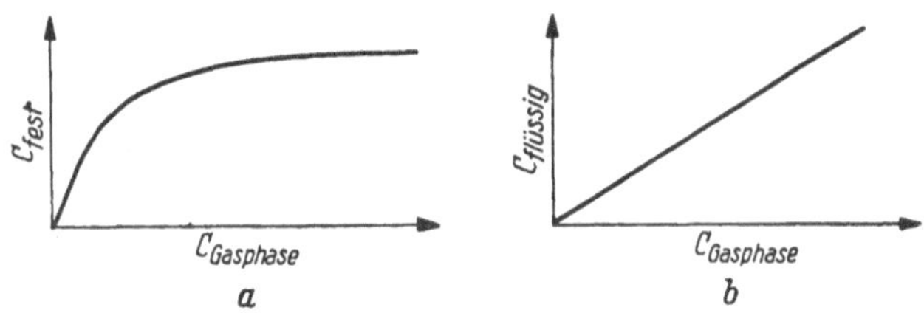

Abb. 9 Isothermen bei Verteilung von Komponenten zwischen stationärer und beweglicher Phase
a – fest; *b* – flüssig

LANGMUIR und FREUNDLICH, die die Vorgänge an festen Oberflächen beschreiben.

Bei Verwendung einer stationären flüssigen Phase haben für die dabei stattfindenden Vorgänge das HENRYsche bzw. NERNSTsche Verteilungsgesetz Gültigkeit. Der Verteilungskoeffizient k

$$k = \frac{\textit{Konzentration in der stat. Phase}}{\textit{Konzentration in der Gasphase}}$$

hat einen für beide Arten der Gas-Chromatographie charakteristischen Verlauf. In Abb. 9a ist zu sehen, daß k

im Falle der Verwendung einer festen stationären Phase über einen weiten Konzentrationsbereich nicht konstant ist; nur im Anfang verläuft die Isotherme geradlinig. Das bedeutet, daß zur Erreichung symmetrischer Berge nur sehr geringe Probenmengen dosiert werden dürfen.

Anders verhält sich *k* bei Verwendung einer stationären flüssigen Phase. Hier ist, s. Abb. 9b, der Verteilungskoeffizient über einen größeren Bereich konstant, demzufolge die Berge auch bei verschiedenen Konzentrationen stets symmetrisch geformt sind.

1.2.3.3.3. Elutionsgas-Chromatographie

Die Gas-Chromatographie durch Elution erfolgt so, daß einem konstanten durch die Apparatur fließenden Trägergasstrom im Probengeber das Substanzgemisch gasförmig oder flüssig innerhalb kurzer Zeit zugefügt wird. Im Falle einer flüssigen Probe muß im Probengeber durch eine elektrische Heizwicklung für eine genügend hohe Temperatur gesorgt werden. Mit dem Gasstrom gemeinsam gelangt das Gemisch in die Trennsäule, in der entsprechend dem Verteilungskoeffizienten *k* der einzelnen Komponenten die Trennung eintritt.

In der Gasphase bewegen sich alle Komponenten mit der gleichen Geschwindigkeit, deshalb ist für die Wanderungsgeschwindigkeiten der verschiedenen Komponenten innerhalb der Trennsäule deren Aufenthaltsdauer in der stationären Phase verantwortlich. Die Aufenthaltsdauer wiederum ist abhängig vom Dampfdruck der Komponente bei der Säulentemperatur und den möglichen chemischen oder physikalisch-chemischen Wechselwirkungen mit den Molekülen der stationären Phase. Der Dampfdruck der Komponenten beeinflußt die Löslichkeit in der stationären Phase so, daß die Verweilzeit der Komponenten in der stationären Phase mit abnehmendem Dampfdruck zunimmt.

Von entscheidendem Einfluß auf die Verweilzeit ist auch der Grad der Wechselwirkung zwischen den Molekülen der stationären Phase und der Komponenten, der durch den Selektivitätskoeffizienten σ nach BAYER [43] ausgedrückt wird. σ ist das Verhältnis der Retentionsvolumina von zwei Substanzen aus verschiedenen homologen Reihen, aber mit annähernd gleichem Siedepunkt, z. B. Cyclohexan/Benzol. Je mehr σ von 1 nach größeren Werten abweicht, desto selektiver ist die stationäre Phase. Auf die Glieder einer homologen Reihe wirkt sich die Selektivität jedoch nicht aus.

1.2.3.3.4. Thermokreislauftechnik nach SHUCHOWIZKIJ [44]

Hierbei wird ohne Trägergas gearbeitet. Das Substanzgemisch wird in einem dauernden Gasstrom durch die Trennsäule und den Detektor geführt. Über die Trennsäule läuft langsam ein relativ zur Länge der Säule kurzes, aber steiles Temperaturfeld in Richtung des Substanzstromes. Die bei isothermer Arbeitsweise verschieden schnell wandernden Substanzen ordnen sich bei der Thermokreislauftechnik im Temperaturfeld so an, daß sie alle die gleiche Geschwindigkeit — die des Temperaturfeldes — besitzen. Die zuvor gleichförmige Mischung entmischt sich im Temperaturfeld insofern, als sich an bestimmten Stellen die Moleküle einer Verbindung anhäufen. Die Komponenten erreichen den Detektor in einer ebensolchen Reihenfolge wie bei der Elutionstechnik.

1.2.3.3.5. Das Retentionsvolumen

Das Retentionsvolumen hat für die Gas-Chromatographie die gleiche Bedeutung wie der R_F-Wert für die Papierchromatographie.

Naturgemäß erhält man durch die Registrierung charakteristische Zeitwerte für die Aufenthaltsdauer der Komponenten, die als Retentionszeiten bezeichnet werden. Es ist aber zweckmäßiger, an Stelle der Zeitwerte die Gasvolumina anzugeben, die in der gleichen Zeit die Trennsäule durchlaufen haben. Die Volumenangaben haben den Vorteil, daß die in der Trennsäule bestehenden Druck- und Temperaturverhältnisse durch die geltenden Gasgesetze korrigiert werden können und man so zu vergleichbaren und definierten Volumenwerten gelangt.

Das Gesamtretentionsvolumen V_{dr}[ml] einer Komponente setzt sich zusammen aus dem Retentionsvolumen V_r[ml], das ist das während der Verweilzeit der Komponente in der stationären Phase durch die Trennsäule fließende Trägergasvolumen, und dem Durchbruchsvolumen V_d[ml], dem Gasvolumen der Trennsäule, zusammen. Dem Retentionsvolumen V_r entspricht die Retentionszeit t_r. Auf das V_{dr} haben der Eingangsdruck p_i[Torr], der Säulenausgangsdruck p_o[Torr], die Temperatur [Grad Kelvin] T_s der Trennsäule und die Menge W_L[g] der stationären Phase einen Einfluß.

Das vollständig korrigierte spezifische Retentionsvolumen ist

$$V_g = \frac{V_r^{pT} \cdot 273}{W_L \cdot T_s} \text{ [ml/[g]}$$

V_r^{pT} ist das druckkorrigierte und auf die Trennsäulentemperatur nach der Formel

$$V_r^{pT} = t_r \frac{3\left[\left(\frac{P_i}{P_o}\right)^2 + \frac{P_i}{P_o} + 1\right]}{2\left[\left(\frac{P_i}{P_o}\right)^3 + \frac{P_i}{P_o} + \frac{P_i}{P_o} + 1\right]} \cdot F_m \cdot \frac{T_s}{T_m} \quad \text{[ml]}$$

bezogene Retentionsvolumen. Darin bedeuten:

t_r die Retentionszeit [in min]
P_i Eingangsdruck [in Torr]
P_o Ausgangsdruck [in Torr]
F_m Gasmengenstrom [gemessen am Säulenausgang]
T_s Temperatur der Trennsäule [Grad Kelvin]
T_m Temperatur des Gasmengenmeßgerätes [Grad Kelvin]

Um exakte *Vg*-Werte zu erhalten, müssen exakt arbeitende Meßinstrumente verwendet werden. Die in kommerziellen Apparaten eingebauten Meßinstrumente sind für diesen Zweck viel zu ungenau.

1.2.3.3.6. Trennleistung der Trennsäule

Definitionsgemäß wird die Trennleistung n^1 einer Trennsäule in Trennstufen pro *m* Säulenlänge gemessen.

Durch die Beziehung

$$n^1 = 5{,}54 \left(\frac{t_{dr}}{b_{\frac{1}{2}}}\right) \cdot \frac{1}{L},$$

in der t_{dr} Gesamtretentionszeit minus Durchbruchszeit [in mm]
$b_{\frac{1}{2}}$ die Bandenbreite in halber Höhe [in mm]
und L Länge der Trennsäule [in m]

ist, läßt sich die Trennleistung aus Chromatogrammen ermitteln. Dieses Verfahren ist bei gepackten Säulen sehr gut anwendbar, führt aber bei Kapillartrennsäulen zu irrealen Werten. STRUPPE [45] führte deshalb eine andere Meßgröße, die auf beide Säulenarten gleich gut anwendbar ist, den sog. *Z*-Wert ein. Dieser *Z*-Wert, der nach der Formel

$$Z = \frac{\lg \dfrac{t_{drm}}{t_{drn}}}{\lg \dfrac{1+q}{1-q}}$$

worin t_{drm} die Retentionszeit des höheren Glieds der homologen Reihe
t_{drn} die Retentionszeit des niederen Glieds der homologen Reihe
und q ein Quotient aus Bergbreite in Höhe der Wendetangente durch zugehörige Retentionszeit ist,

aus Daten eines Chromatogramms zu errechnen ist, bedeutet weiter nichts, als daß zwischen den Bergen zweier benachbarter Glieder einer homologen Reihe noch soundso viel andere Berge Platz hätten, ohne sich gegenseitig zu überlappen. Damit ist ein guter Maßstab geschaffen; denn je mehr Berge zwischen zwei Berge passen, desto höher ist die Trennleistung. Dieser Maßstab ist von der Säulenart unabhängig und liefert vergleichbare Ergebnisse.

1.2.3.4. Anwendungen der Gas-Chromatographie

Da die Inhaltsstoffe des Erdöls vorwiegend Kohlenwasserstoffe sind, die mit den meisten stationären Phasen keine oder nur geringe Wechselwirkungen physikalisch-chemischer Natur haben im Vergleich zu Verbindungen mit funktionellen Gruppen, und sich demzufolge in der Trennsäule ohne Komplikationen trennen lassen, ist die Gas-Chromatographie für die Erdölanalytik prädestiniert, vorausgesetzt, daß die Substanzen sich unzersetzt verdampfen lassen und geeignete stationäre Phasen zur Verfügung stehen.

Zur Trennung von n-Alkanen untereinander, n-Paraffinen von Isoparaffinen, Alkanen von Naphthenen, Naphthenen von Aromaten, und Alkanen von Aromaten, werden die verschiedensten flüssigen Phasen eingesetzt. Da sich noch immer keine genauen Aussagen über die Wirkung einer flüssigen Phase machen lassen — es gibt zwar einige Regeln, die jedoch nicht ausreichen —, hat man willkürlich diese oder jene Substanz als flüssige Phase mit mehr oder weniger großem Erfolg verwendet. Von den vielen haben sich einige allgemein gut bewährt und sollen in der folgenden Tabelle erwähnt werden. Bei der Suche nach Trennflüssigkeiten für spezielle Probleme sei auf die Fachliteratur [42] verwiesen.

Die einfachsten Trennprobleme bilden die gasförmigen Kohlenwasserstoffgemische. Zur Trennung läßt sich nach

Tabelle 2

n-Alkane C_1 bis C_{40} untereinander	
Apiezon L	bis 330°
Silikongummi SE 30	bis 375°
Di-n-Decylphthalat	bis 200°
Alkane, n- und iso bis C_6	
Chinolin/Chinin	bis 20°
Squalan	bis 30°
Tetraisobuthylen	bis 39°
Alkane, n- und iso über C_{10}	
weitgehende Trennung an Aluminiumoxid oder Magnesiumsilikat, Squalan (in Kapillarsäulen)	bei 120°
Aromaten bis C_8, bsonders m/p-Xylol	
α, β-Dinaphthylsulfid	bei 80°
Aromaten bis C_8 von gleichsiedenden Aliphaten	
Polyäthylenglykol 3000	bei 100°
Äthylenglykol-bis-propionitriläther im Gemisch mit 3,5-Dinitrobenzoesäure-n-propylester	bei 80°

Greene [46] die Adsorptionsgas-Chromatographie sehr gut einsetzen. An 6 m langen Säulen mit Silikagel oder Aluminiumoxid gefüllt, werden 14 Komponenten bis C_4 in etwa 1 h getrennt. Als Trägergas wird He verwendet, so daß auch H_2 nachgewiesen werden kann. Die Temperatur der Trennsäule wird nach erfolgter Probenzugabe innerhalb von 60 min von 5° auf 150° erhöht. Diese thermochromatographische Arbeitsweise verkürzt einmal die Analysenzeit um ein Beträchtliches bzw. ermöglicht sie erst, und beseitigt das lästige tailing nahezu vollständig.

In der Abb. 10 ist ein entsprechendes Chromatogramm wiedergegeben.

Für Kohlenwasserstoffe mit mehr als 4 C-Atomen weisen Adsorbentien wie Silikagel, Aluminiumoxid oder Aktivkohle so große Adsorptionsfähigkeit auf, daß diese Sub-

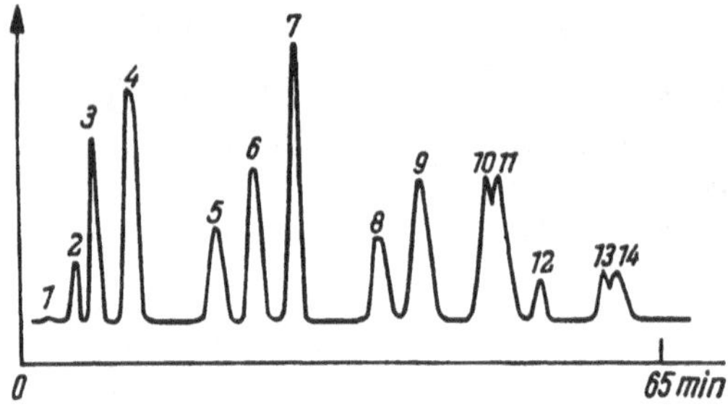

Abb. 10 Trennung der leichten Kohlenwasserstoffe an Silicagel
1 – H_2; *2* – Luft; *3* – Kohlenmonoxid; *4* – Methan; *5* – Äthan; *6* – Kohlendioxid; *7* – Äthylen; *8* – Propan; *9* – Acetylen; *10* – Propylen; *11* – Isobutan; *12* – n-Butan; *13* – Isobutylen und cis-Buten-2; *14* – Butadien

stanzen — wenn sie überhaupt eluiert werden — in Form einer langsam auslaufenden Bande mit großem tailing die Trennsäule verlassen.

Eggertsen [47] hat mit großem Erfolg durch teilweise Beladung des Adsorbens mit einer flüssigen Phase die zu große Aktivität stark herabgesetzt, so daß bei isothermer Arbeitsweise Kohlenwasserstoffe mit mehr als 4 C-Atomen sehr gut getrennt werden konnten. Die von ihm auf gekörntem Lampenruß aufgebrachte Menge Squalan — etwa 1,5% — belegt sozusagen irreversibel die besonders aktiven Stellen des Adsorbens. Durch diese Maßnahme wurde bei Verwendung von 15 m langen Säulen die Trennung der C_5 und C_6 n- und Isoparaffine sowie der dazugehörigen Naphthene möglich und lieferte das in Abb. 11 wiedergegebene Chromatogramm. Die Analysendauer von 2 h ist allerdings für Routineanalysen zu lang.

Halász [48] beschäftigte sich deshalb in neuerer Zeit ebenfalls mit der teilweisen Belegung von Aluminiumoxid mit geringen Mengen verschiedener flüssiger Phasen.

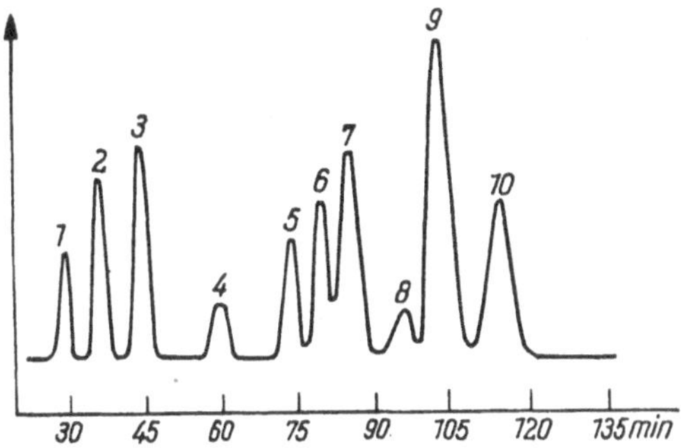

Abb. 11 Analyse eines C_5 und C_6-Paraffingemisches
1 – 2-Methylbutan; *2* – n-Pentan; *3* – Cyclopentan; *4* – 2,2-Dimethylbutan; *5* – 2,3-Dimethylbutan; *6* – 2-Methylpentan; *7* – 3-Methylpentan; *8* – Methylcyclopentan; *9* – n-Hexan; *10* – Cyclohexan

Für die Trennung der leichtsiedenden Komponenten bis ca. 100 °C wird Aluminiumoxid mit 17% β,β'-Oxydipropionitril als flüssige Phase empfohlen. Damit ist beispielsweise bei einer Säulenlänge von 3 m und einem Durchmesser von 4 mm die Trennung aller Butene innerhalb von 9 min möglich, die 1957 bei Greene noch über eine Stunde beansprucht hätte.

Bei isothermer Arbeitsweise der Trennsäule nehmen die Retentionszeiten der Glieder einer homologen Reihe im Quadrat zu. Für Gemische mit einem weiten Siedebereich bedeutet das, daß bei niederer Temperatur die leichtsiedenden Komponenten gut getrennt werden, die höhersiedenden dagegen sehr langsam die Trennsäule durchwandern und als sehr flache breitgezogene Berge registriert werden. Bei höherer Temperatur ist der Fall umgedreht. Die leichtsiedenden Komponenten treten sehr rasch aus der Säule aus, meistens schlecht oder gar nicht getrennt. Die höhersiedenden sind jetzt gut auswertbare Berge und werden in einer annehmbaren Zeit eluiert.

Dieser Mangel kann durch Thermo-Gas-Chromatographie behoben werden. MARTIN [49] trennte ein weitsiedendes Gemisch von n-Paraffinen mit 4–26 C-Atomen an einer Trennsäule mit Silikongummi auf Chromosorb – einem inerten Träger aus Kieselgur – in einem Arbeitsgang unter Steigerung der Temperatur um 5°C/min von 30° auf etwa 300°. Die Analysenzeit wird sehr verkürzt und die Trennung der Komponenten mit niedrigen Siedepunkten in der gleichen Qualität wie bei den hochsiedenden durchgeführt.

Ein besonderer Vorteil der temperaturprogrammierten Gas-Chromatographie ist die Tatsache, daß alle Berge annähernd die gleiche Breite besitzen, da die Bandenverbreiterung durch Diffusion stark eingeschränkt wird.

Als Beispiel für die Leistungsfähigkeit der Kapillartrennsäule soll eine Arbeit von SIMMONS [50] herangezogen werden, in der die vollständige Analyse eines Alkylatbenzins mittels einer mit Squalan imprägnierten Kapillare beschrieben ist.

Die Identifizierung der Komponenten erfolgte teils durch Vergleich mit Testsubstanzen direkt, teils durch auf dem Umweg über die Methylgruppenaustauschreaktion mit Diazomethan zu Kohlenwasserstoffen gewonnenen Retentionswerte. Bei dieser Reaktion sind an reinsten Kohlenwasserstoffen, beispielsweise 2,2,4-Trimethylpentan, sämtliche H-Atome durch Methylgruppen austauschbar. Statistisch wird jedes und an jedem Molekül immer nur ein H-Atom ausgetauscht. Aus dem Isooktan entstehen 2,2,4-Trimethylhexan, 2,4,4-Trimethylhexan, 2,2,4,4-Tetramethylpentan und 2,2,3,4-Tetramethylpentan in verschiedener statistisch bedingter Ausbeute. Aus der Größe des im Kapillargaschromatogramm erscheinenden Berges kann auf die Substanz geschlossen werden. Somit ist es möglich, ohne die Substanz in reinem Zustand zu besitzen, deren Retentionswerte festzustellen.

Die bei Benzinanalysen durch die FIA-Methode erhaltenen Werte über den Aromatengehalt geben nur den Gesamtgehalt wieder. Sehr oft ist jedoch auch der Anteil der einzelnen Aromaten von Interesse. HOFMANN [51] beschäftigte sich mit der Aromatentrennung und der Aromatenabtrennung von gleichsiedenden Aliphaten und Naphthenen. Obwohl dieses Gebiet schon häufig bearbeitet worden war, waren die erreichten Ergebnisse nicht befriedigend. Besondere Schwierigkeiten bereitete die Trennung des p- und m-Xylols. Im α,β-Dinaphthylsulfid konnte eine zur Trennung der C_8-Aromaten ausgezeichnet geeignete flüssige Phase gefunden werden. Zur Abtrennung der mit Aromaten gleichsiedenden Alkane und Naphthene wurde eine Mischung aus 3,5-Dinitrobenzoesäure-n-propylester und Äthylenglykol-bis-propionitriläther als flüssige Phase verwendet. Die Aromaten, vom Benzol angefangen, werden soweit zurückgehalten, daß das Nonan noch vor den Aromaten aus der Säule eluiert wird. Der 3,5-Dinitrobenzoesäure-n-propylester hält die Xylolisomeren gegenüber dem Äthylbenzol etwas zurück, wodurch eine gute quantitative Bestimmung desselben möglich ist.

Als Beispiel für die Anwendung der Gas-Chromatographie bei der Analyse sehr hochsiedender Substanzen soll die Trennung von Biphenyl und den Terphenylisomeren durch BAXTER [52] genannt werden, Als flüssige Phase verwendete dieser einen bestrahlten Polyphenylteer, dessen leichtsiedende Bestandteile entweder durch Molekulardestillation oder Sublimation im Hochvakuum entfernt worden sind. Diese flüssige Phase hielt den Temperaturen von 375° bzw. 445 °C ohne Zersetzung längere Zeit stand und ermöglichte mit beträchtlicher Schärfe die Trennung vieler sehr hochsiedender aromatischer Verbindungen.

Bei den eben beschriebenen analytischen Verfahren treten die Komponenten mit dem Trägergas aus dem Detektor in die freie Atmosphäre. Sie interessieren dann niemand mehr. Will man aber mit den getrennten Komponenten noch weitere Versuche unternehmen, beispielsweise spektroskopische oder massenspektroskopische Untersuchungen, so leitet man den Trägergasstrom durch eine Kühlfalle, in der alle Fremdstoffe zurückerhalten werden. Wird für jede Komponente eine eigene Kühlfalle verwendet, so können diese gaschromatographisch rein, sofern sie vollständig voneinander getrennt sind, gewonnen werden. Dieses spezielle Verfahren wird als präparative Gas-Chromatographie bezeichnet. Mit normalen analytischen Geräten können nur geringe Mengen zwischen 5 und 50 mg je nach Trennaufgabe bewältigt werden. In besonderen für präparative Gas-Chromatographie ausgelegten Geräten können Mengen zwischen 1 und mehreren Gramm — in besonders günstigen Fällen bis zu 100 g — auf einmal getrennt werden. Ein von LEIPNITZ [53] angegebenes Gerät, vollautomatisch arbeitend, gestattet die im Laboratoriumsmaßstab anfallenden Mengen von 1—200 g je nach gewünschter Trenngüte, in Chargen von 1—10 ml aufgeteilt, durchzusetzen. Eine einfache Automatik, vom Produkt selbst über den registrierenden Kompensographen gesteuert, erledigt die aufeinanderfolgenden, sich immer wiederholenden Vorgänge des Dosierens und Umschaltens der Kühlfallen nach einem zuvor einstellbaren Programm. Mit Hilfe einer solchen automatisch arbeitenden Apparatur konnte der Benzinschnitt des Romaschkinsker Erdöls in mehrere sehr scharf voneinander getrennte Fraktionen geteilt werden, die dann kapillargaschromatographisch weiter untersucht wurden.

Eine weitere Anwendung der präparativen Gas-Chromatographie ergab sich bei der Untersuchung eines bis ca. 200° siedenden Testbenzins auf den Gehalt an B, T, X-Aromaten. Die Verwendung selektiver Phasen, wie von HOFMANN angegeben, bei der analytischen Untersuchung führte nicht zum Ziel, da die C_{10}- und C_{11}-Aliphaten und Naphthene störten. Durch präparative Gas-Chromatographie erfolgte daraufhin eine scharfe Abtrennung der bis 150° siedenden Komponenten, in denen dann die Bestimmung der B, T, X-Aromaten durch Verwendung von Polyäthylenglykol als flüssige Phase leicht war.

Die Entwicklung der Methode der Gas-Chromatographie geht in verschiedenen Richtungen vorwärts. Auf der einen Seite wird der Anwendungsbereich nach hohen und höchsten Temperaturen hin ausgeweitet, auf der anderen Seite zu allergrößtem Auflösungsvermögen, Hochtemperatur-Gas-Chromatographie und Kapillar-Gas-Chromatographie. Während bei der Kapillar-Gas-Chromatographie nur allerkleinste Mengen verwendet werden, ist man im Bereich der präparativen Gas-Chromatographie bestrebt, immer größere Mengen, möglichst im technischen Maßstab, einzusetzen.

1.3. Thermodiffusion

1.3.1. Allgemeines

Seit der Entdeckung des Thermodiffusionseffektes und seiner Ausnutzung zur Isotopentrennung (Clusius und Dickel, 1938) hat die Thermodiffusion als Trennmethode in viele Bereiche der Chemie Eingang gefunden. Ursprünglich zur Isotopentrennung in der Gasphase gedacht (H_2/D_2, Edelgase, Cl_2 u. a.) und entwickelt, wurde die Methode später auch auf flüssige Verbindungen mit Erfolg angewendet. So ist z. B. in USA die großtechnische Anreicherung von U^{235} als UF_6 unter Druck in flüssigem Zustand durchgeführt worden. Nach 1945 wurde die Thermodiffusion in zunehmendem Maße auch für die Trennung flüssiger organischer Gemische, speziell von Kohlenwasserstoffen und Erdölprodukten, eingeführt.

1.3.2. Grundlagen

In seiner einfachsten Form besteht das Trennrohr aus einem langen vertikalen Glasrohr mit Kühlmantel, in dessen Achse ein elektrisch geheizter Draht ausgespannt ist. Flüssigkeitstrennrohre bestehen aus zwei ineinandergesteckten glatten Rohren, zwischen denen sich ein Ringspalt von ca. 0,5–1 mm Abstand bildet. Zwischen Draht und gekühlter Wand bzw. im Ringspalt entsteht infolge der Temperaturdifferenz eine Wärmeströmung, die zu einer Diffusion der leichteren Molekeln in Richtung auf die warme Wand führt, wo sie sich anreichern. Dazu kommt noch die Wirkung der Konvektion, durch die die leichteren Molekeln an der heißen Wand nach oben, die schwereren an der kalten Wand nach unten transportiert werden. Die Richtung des Konvektionsstromes und des Thermodiffusionsstromes stehen dabei senkrecht aufeinander.

Zur Theorie der Thermodiffusion sei hier nur auf die Literatur verwiesen. Sowohl für Gase [54] als auch für flüssige Mischungen [55] existieren Ansätze für die theoretische Behandlung des Effektes, wobei der Thermodiffusionsfaktor α, die Spaltweite und die Temperaturdifferenz ΔT für den Transportvorgang, d. h. für die Trennschärfe maßgeblich sind. Der bei Flüssigkeiten im allgemeinen kleinere Diffusionskoeffizient hat wesentlich größere Einstellzeiten zur Folge.

1.3.3. Anwendungen in der Kohlenwasserstofftrennung

Die Anwendung von Thermodiffusionskolonnen zur Trennung flüssiger Gemische ist erstmals Anfang der fünfziger Jahre vor allem von den Wissenschaftlern der Standard Oil Comp. in den Vereinigten Staaten beschrieben worden. Davon zeugen auch zahlreiche Patente aus den Jahren 1947–1956. Neben den einfachen, absatzweise arbeitenden Kolonnen wurden auch kontinuierlich arbeitende Geräte beschrieben, bei denen in der Mitte laufend frisches Produkt eingespeist wird und am Kopf und am Boden angereicherte Fraktionen abgezogen werden. Auch mehrere hintereinandergeschaltete Kolonnen (Kaskaden) wurden zur Erhöhung der Trennschärfe bzw. Durchsatzmenge beschrieben. Zur Erhöhung der

Trennschärfe wurden weiterhin Geräte beschrieben, bei denen das innere Rohr mit bestimmter Umdrehungszahl rotiert; sowie Kolonnen mit weitem Spalt, der mit Lagen

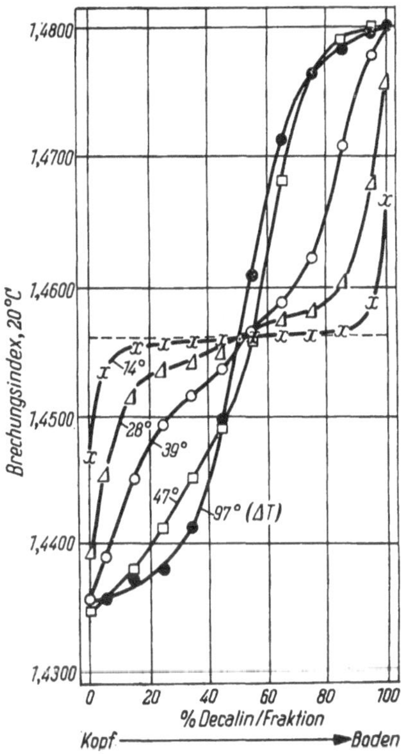

Abb. 12 Einfluß des Temperaturgradienten auf die Trennung von Cetan-Dekalin bei konstanter Einstellzeit (17 Std.) (nach BEGEMANN [56])

von Glaswolle gefüllt ist. Dadurch konnte die Trennschärfe bei gleichzeitigem Anstieg der Füllmenge etwa um eine Zehnerpotenz verbessert werden.

In einer ausführlichen Arbeit beschreiben BEGEMAN und CRAMER [56] die Einflüsse von Temperaturgradient und Einstellzeit auf die Trennung des Gemisches Cetan-Dekalin. Sie konnten zeigen, daß zur Erreichung des Gleichgewichtszustandes innerhalb einer erträglichen Einstellzeit (17—20 Std.) ein Temperaturgradient von ca. 100° notwendig ist (Abb. 12). Die gleichen Autoren konnten in einem inhibierten Schmieröl die Inhibitorkonzen-

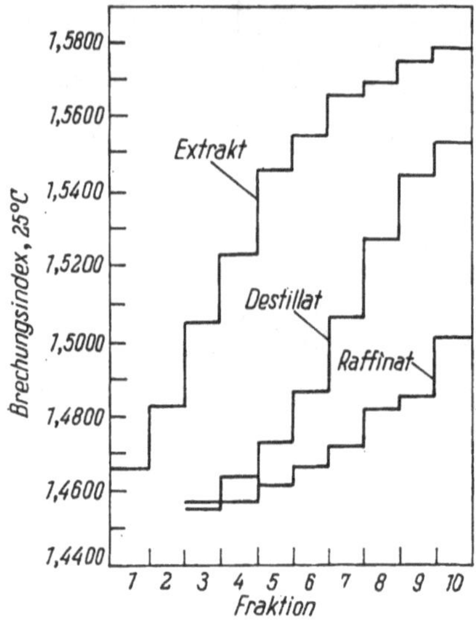

Abb. 13 Zerlegung von Schmierölprodukten durch Thermodiffusion (nach Jones [58])

tration durch Thermodiffusion in der Bodenfraktion um den Faktor 10000 erhöhen.

Sullivan [57] beschreibt den Einfluß von Kolonnen mit rotierendem Innenrohr sowie von glaswollegepackten Kolonnen auf die Trennwirkung, wobei gegenüber normalen Kolonnen eine doppelte bis zehnfache Trennung erzielt wurde. Bei der Zerlegung eines Paraffindestillates in einer Kolonne mit 22,5 ml Fassungsraum konnte Jones [58] Fraktionen mit einem VJ zwischen 159 und — 196 erhalten (Ausgangsprodukt VJ 77.4). Abb. 13 zeigt die Refraktionskurven des Destillates sowie eines daraus gewonnenen Furfurol-Extraktes und des entsprechenden Raffinates.

Neben einer Übersicht über Arbeiten bis 1957 beschreibt JONES [59] auf dem Symposium über die Zusammensetzung von Erdölen auch eine Methode zur wiederholten Trennung eines amerikanischen Neutralöles. Er verwendet dazu eine Batterie aus 4 Säulen, die kontinuierlich arbeitet. Dabei wird eine Kopf- und eine Bodenfraktion gewonnen, die jede für sich in der gleichen Kolonnenbatterie von neuem getrennt werden. Die dabei anfallenden 2 Kopf- und 2 Bodenfraktionen werden nun einer dritten Trennung unterworfen, die nunmehr diskontinuierlich jeweils 10 Fraktionen liefert. Von den 40 Endfraktionen wurde der Brechungsindex bestimmt und eine Typenanalyse mit dem Massenspektrometer durchgeführt. Dabei wurden die Paraffine in den Kopffraktionen, Naphthene und Aromaten in den Bodenfraktionen angereichert. Erwähnenswert ist, daß JONES hierbei auch penta- und hexacyclische Naphthene festgestellt hat.

Derartig hochkondensierte Naphthene werden auch von MELPOLDER [60] festgestellt, der die Thermodiffusion mit der Molekulardestillation, Adsorptionschromatographie an Silikagel und Massenspektrometrie kombiniert. Dadurch wird bereits eine Vorsortierung der hochmolekularen Anteile eines Schmieröles nach Molekelgröße (Destillation) und Strukturgruppen (gesättigte und Aromaten durch Chromatographie) durchgeführt, was sich auf die nachfolgende Thermodiffusion vorteilhaft auswirkt. MELPOLDER konnte zeigen, daß sich die nachstehenden Gruppen relativ gut voneinander trennen lassen:

n-Paraffine von iso-Paraffinen,
iso-Paraffine von kondensierten Polycycloparaffinen,
Polycycloparaffine nach steigender Ringzahl,
monocyclische von polycyclischen Aromaten und
Arylcycloparaffine von polycyclischen Aromaten.

Lediglich Isoparaffine und Monocycloparaffine lassen sich nicht oder nur schlecht voneinander trennen. Auch MELPOLDER benutzte für seine Trennungen eine Kolonnenbatterie von 10 Trennrohren, wobei die einzelnen Fraktionen mehrmals durchgesetzt wurden. Trotzdem ließen sich Überschneidungen zwischen den einzelnen Endfraktionen nicht vermeiden, weshalb bei den weiteren Arbeiten eine Mehrkolonnenanordnung verwendet wurde, bei der jeweils der Fuß der vorangehenden mit dem Kopf der nachfolgenden Kolonne verbunden wurde. Bei der Testung dieses Apparates (10 Kolonnen) mit einer 50/50 Vol.%-Mischung von cis- und trans-Dekalin ergab sich ein Trennfraktor von 3,1 für dieses an sich schwer trennbare Gemisch.

Anschließend soll noch ein Beispiel erwähnt werden, das zeigt, daß die Methode der Thermodiffusion auch auf die höchsten Anteile des Erdöls angewendet werden kann. So berichtet GARDNER [61] über die Trennung eines Asphaltes durch Thermodiffusion. Es konnten in einer einfachen Kolonne 10 Fraktionen erhalten werden, die durch IR- und Kernresonanzspektroskopie untersucht wurden. Dabei konnte vom Kopf der Kolonne nach dem Boden zu eine starke Anreicherung aromatischer Strukturen festgestellt werden (% C_A). % C_N steigt bis zur 4. Fraktion an, fällt dann bis zur 8. Fraktion leicht ab, um schließlich wieder anzusteigen. Auch für die Zerlegung von Paraffinwachsprodukten sowie von Schwefelverbindungen ist die Thermodiffusion mit Erfolg eingesetzt worden.

So hilft diese apparativ recht einfache Methode gegebenenfalls mit, tiefere Einblicke in die komplexe Natur der Erdölbestandteile zu gewinnen.

1.4. Spektroskopie

Da es schlechterdings unmöglich ist, bei dem vorgegebenen Umfang dieses Buches eine eingehende Beschreibung der Methoden der Molekülspektroskopie zu geben, soll nach einer kurzen Darlegung der Grundlagen vor allem versucht werden, die große Bedeutung dieses Gebietes für viele Zweige der Strukturaufklärung, speziell bei Kohlenwasserstoffgemischen bzw. Erdölfraktionen, deutlich zu machen. Zur tieferen Beschäftigung mit den theoretischen und methodischen Einzelheiten sei wiederum auf die zahlreiche Fachliteratur verwiesen [62]. Außerdem erscheinen in der gleichen Taschenbuchreihe zwei weitere Bände, die sich speziell mit apparativen und methodischen Grundlagen der Spektroskopie beschäftigen [63]. In dem Gesamtgebiet elektromagnetischer Wechselwirkungen verwendet die Molekülspektroskopie nur einen kleinen Ausschnitt, der Wellenlängen von $\sim$ 200 Å bis $\sim$ 1 cm umfaßt. An das kurzwellige Ende schließen sich Röntgen- und γ-Strahlung an, am langwelligen Ende folgen Kurzwellen und Radiowellen.

Das Elektronensystem einer Molekel baut sich ebenso wie das eines Atoms aus diskreten Elektronenniveaus verschiedener Energie auf, zwischen denen Elektronenübergänge stattfinden können. Jedoch ist bei Molekülen ein solcher Elektronenübergang nicht die einzige Möglichkeit der Änderung des Energieinhaltes, da sich die mehr oder weniger symmetrisch gebauten Molekeln auch zu Rotation und Schwingung anregen lassen. Nur die Rotationen, deren Anregungsenergie sehr klein ist (Absorption im Mikrowellenbereich bzw. fernen IR), können isoliert beobachtet werden. Bei der energiereicheren Schwingungsabsorption (nahes und mittleres Infrarot) wird stets gleichzeitig eine Rotation angeregt, ebenso wie die noch energiereichere Elektronenanregung (sichtbares und UV-Gebiet) stets Schwingung und Rotation der Molekeln mit anregt. Im Gegensatz zu den Linienspektren der Rotation sind die Rotations-Schwingungs- bzw. Elektronenanregungsspektren (UV) stets Bandenspektren.

Bei allen Apparaten zur Spektroskopie müssen drei wesentliche Bauteile unterschieden werden: Strahlungsquelle, Monochromator und Strahlungsempfänger. Bei den modernen Geräten kommt hierzu in den meisten Fällen noch eine Registriereinrichtung, die das Spektrogramm in geeigneter Form aufzeichnet. Da die Strahlungsquelle allgemein eine über einen größeren Wellenlängenbereich verteilte Strahlung aussendet, aber monochromatische Strahlung benötigt wird, wird im Monochromator durch Dispersion die Strahlung in ein Spektrum zerlegt, aus dem dann jeweils die gewünschte Wellenlänge monochromatisch herausgeblendet wird. Der Strahlungsempfänger bestimmt den Intensitätsverlust der Strahlung nach dem Durchgang durch die zu untersuchende Substanz, das von ihm kommende Signal wird verstärkt und dem Registrierteil zugeleitet. Eine ausführliche Beschreibung der apparativen Grundlagen ist dem in der gleichen Reihe erschienenen Band von GEPPERT zu entnehmen [63].

1.4.1. Infrarotspektroskopie

1.4.1.1. Allgemeines

Die in bestimmten räumlichen Anordnungen miteinander verbundenen Atome einer Molekel führen bei Normalbedingungen Normal- oder Eigenschwingungen um ihre Ruhelagen aus. Die zwischen Wellenzahlen (Wellenzahl $\gamma = 1/\alpha$ in cm^{-1}) von 30 und 4000 cm^{-1} liegenden Eigenschwingungen und ihre Oberschwingungen können mit den elektromagnetischen Wellen des nahen (13000 bis 4000 cm^{-1}), mittleren (4000–400 cm^{-1}) und fernen IR (400–30 cm^{-1}) in Resonanz treten, wobei alle Rotationen und Schwingungen angeregt werden, die mit einer Änderung des Dipolmoments der Molekel verbunden sind. Man nennt sie IR-aktiv. Alle Bewegungen ohne Änderung des Dipolmomentes, aber mit einer Änderung der Polarisierbarkeit werden durch den sog. Raman-Effekt angeregt (siehe Kapitel 1.4.2.), so daß sich IR- und Raman-Spektroskopie auf das wirkungsvollste ergänzen.

Die ersten IR-spektroskopischen Untersuchungen stammen aus den Jahren 1881, während im Jahre 1892 die erste Bandenzuordnung erfolgte. 1905—1908 schon wurde der erste Katalog von IR-Spektren veröffentlicht (COBLENTZ), und bis zum heutigen Tage hat die Bedeutung der IR-Spektroskopie so zugenommen, daß sie heute ein nicht mehr zu missendes Hilfsmittel des Chemikers in allen Bereichen der Chemie darstellt.

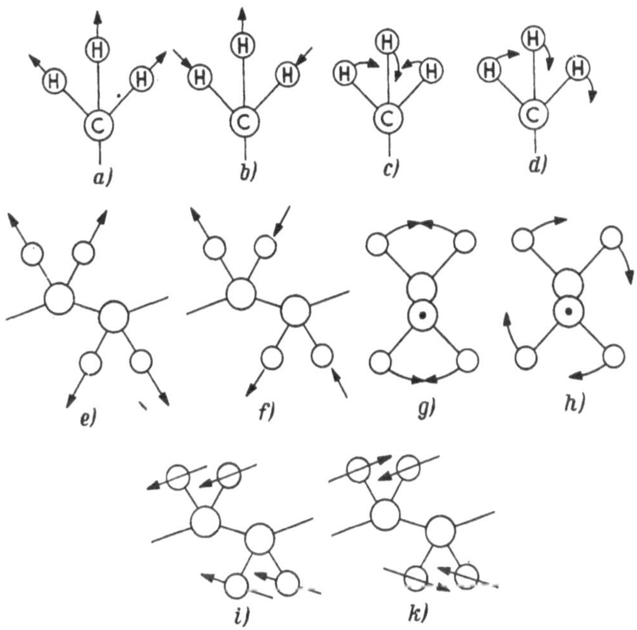

Abb. 14 Valenz- und Deformationsschwingungstypen von CH_3- und CH_2-Gruppen

a — symmetr. C–H-Valenz-; *b* — asymmetr. C–H-Valenz-; *c* — symmetr. C–H-Deformations-; *d* — asymmetr. C–H-Deformationsschwingung in Methylgruppen (sog. Spreizschwingung); *e* — symmetr. C–H-Valenz-; *f* — asymmetr. C–H-Valenzschwingungen in Methylengruppen; *g*–*k* — G+ — Deformationsschwingungen in Methylengruppen: *g* — symmetr. Spreizschwingung (engl. scissoring); *h* — asymmetr. Spreizschwingung (engl. rocking); *i* — Kippschwingung (engl. wagging); *k* — Pendelschwingung (engl. twisting)

1.4.1.2. Theoretische Grundlagen

Zum Verständnis der nachfolgenden Ausführungen seien einige kurze Bemerkungen über die Art der Schwingungen vorangestellt, die in Kohlenwasserstoffmolekeln von Bedeutung sind. Ausführungen über die Theorie der Schwingungsvorgänge an sich entnehme man den einschlägigen Lehrbüchern [62].

In den IR-Spektren der Kohlenwasserstoffe erscheinen ausschließlich Banden, die auf Schwingungen der C–H-

Tabelle 3 Charakteristische Absorptionen der C–H-Bindung in gesättigten Kohlenwasserstoffen (nach BEAWEN u. Mitarbeiter)

Struktur	Art der Schwingung	Wellenzahl [cm^{-1}]
– CH_3 (allgemein)	asymmetrische Valenzschwingung (stretching)	2960
	symmetrische „	2870
	asymmetrische Deformationsschwingung (bending)	1450
	symmetrische „	1375
– CH_3 (endständig)	(Schwingungsart nicht bekannt)	890
– $C(CH_3)_2$	Symmetrische Deformationsschwingung der Wasserstoffe in kumulierten CH_3-Gruppen	1380 u. 1365
– $C(CH_3)_3$		1390 u. 1365
– $(CH_2)_n$–	Asymmetrische Valenzschwingung	2925
	Symmetrische „	2850
	Symmetrische Deformationsschwingung	1465
für $n = 5$ bis ∞	Asymmetrische „	730 u. 720
für $n = 1-4$	„ „	770 bis 725
$R_1R_2R_3C-H$ (tertiär)	Valenzschwingung	2890
	Deformationsschwingung	1320

Bindungen und der C–C-Bindungen zurückzuführen sind. Die C–H-Schwingungen sind dabei intensiver und haben für die Analytik die größere Bedeutung erlangt. Man unterscheidet nach Art der Bewegung Valenzschwingungen (Bewegung entlang der Bindung) und Deformationsschwingungen. In der Tabelle 3 sind die wichtigsten Grundschwingungen zusammengestellt und Abb. 14 zeigt die Art der Schwingungen. Man ersieht, daß sowohl die C–H-Valenz-, als auch die C–H-Deformationsschwingungen zur Unterscheidung von Methyl- und Methylengruppen, tertiären C-Atomen sowie anderen Strukturmerkmalen geeignet sind. Bei Aromaten, Olefinen und Cycloparaffinen erfahren die Absorptionen der C–H-Bindungen teilweise charakteristische Verschiebungen, die dann ebenfalls zur Analyse ausgewertet werden können. Auch die Schwingungen der C–C-Bindungen werden zur Strukturanalyse herangezogen.

1.4.1.3. Anwendungen

Nicht zuletzt wegen der Tatsache, daß es für Kohlenwasserstoffe — vor allem gesättigte — kaum eine analytische Methode zur Strukturbestimmung gibt, hat die Spektroskopie hier große Verbreitung gefunden. So geben Jones und Sandorfy (in [64]) graphische Darstellungen über die Abhängigkeit des molaren Extinktionskoeffizienten der C–H-Valenzschwingungen von der Kettenlänge, mit denen eine genaue Bestimmung der Kettenlänge von n-Paraffinen möglich ist. Auch an den C–H-Deformationsschwingungen ist diese geradlinige Abhängigkeit bestätigt worden. Bei nichtgenügender Auflösung ist jedoch eine Trennung der Valenzschwingungen von CH_3- und CH_2-Gruppen nicht mehr zu erreichen. Hier besteht nach einer neueren Arbeit von Kunz [65] eine einfache Möglichkeit der Kettenlängenbestimmung durch Ausmessen der Kombinationsschwingungsbanden im nahen IR bei 2.31, 2.35 und 2.27μ. Die Bande bei 2.35μ

ist charakteristisch für CH_2-Gruppen, die bei 2,27μ für CH_3-Gruppen, während die bei 2.31 von beiden Gruppierungen geliefert wird. Trägt man das Extinktionsverhältnis $\frac{E_{231\,\mu}}{E_{235\,\mu}}$ gegen den Logarithmus der Kettenlänge auf, so erhält man eine Kurve, aus der dann bei unbekannten Paraffinen die Kettenlänge abgelesen werden

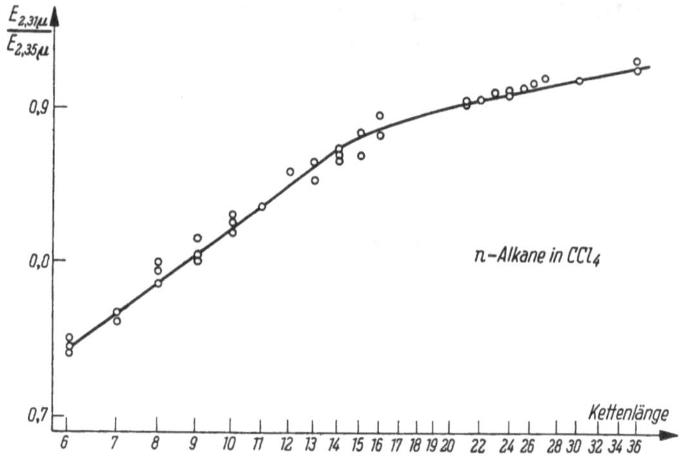

Abb 15 Zur Kettenlängenbestimmung von n-Alkanen (nach KUNZ [65])

kann (Abb. 15). Auch eine Unterscheidung von aliphatischen und cycloaliphatischen CH_2-Gruppen ist durch Ausmessung dieser Banden möglich. Es hat sich gezeigt, daß bei alicyclischen Verbindungen das Verhältnis der Banden 2.35μ:2.31μ stets < 1, bei naphthenischen Verbindungen stets > 1 ist. Somit ist durch Ausmessung dieses Bandenverhältnisses die Möglichkeit gegeben, das Verhältnis von paraffinischen zu naphthenischen CH_2-Gruppen direkt zu bestimmen, was für Probleme der Strukturaufklärung von großer Wichtigkeit ist. Bei alkylierten Naphthenen hat sich gezeigt, daß das Bandenverhältnis je nach der Kettenlänge des Alkylrestes mehr nach dem cycloaliphatischen bzw. offenkettigen „Grenzwert" tendiert, so daß auch hier eine gewisse Abschätzung der Länge der Seitenketten möglich ist.

Möglichkeiten zur Bestimmung des Verzweigungsgrades gesättigter Kohlenwasserstoffe beschreiben Egorow und Mitarbeiter in mehreren Arbeiten [66]. Sie verwenden die Valenzschwingungen der CH_2- und CH_3-Gruppen zwischen 3.5—3.35 μm, wobei eine Zunahme der Bandenintensität bei 3.38 μm (2965 cm^{-1}) auf ein Anwachsen der Zahl der CH_3-Gruppen (d. h. steigende Verzweigung) zurückgeführt wird. Bei der Untersuchung einer Anzahl von Kohlenwasserstoffen C_{12}—C_{16} konnte diese Beziehung eindeutig nachgeprüft werden. Zusätzliche Aussagen über die Art der CH_3-Gruppen lassen sich durch die Tatsache gewinnen, daß die Bande bei 3.48 μm für tertiäre C-Atome typisch ist und eine Bande bei 3.45 μm besonders intensiv bei Verbindungen gefunden wird, die Methylgruppen an einem solchen tertiären C-Atom besitzen. Die Bestimmung des Verzweigungsgrades wurde von den Autoren nun durch Messung des Intensitätsverhältnisses $\log \left(\frac{J_0}{J}\right)_{3,42\,\mu m} : \log \left(\frac{J_0}{J}\right)_{3,38\,\mu m}$ durchgeführt. Sie erhalten dabei für Verbindungen gleicher Zusammensetzung, aber verschiedenen Verzweigungsgrades bzw. für Verbindungen gleichen Verzweigungsgrades Geraden, die jeweils parallel verschoben sind (Abb. 16).

Die gleichen Autoren beschreiben auch eine Anwendung dieser Methode auf n-Alkylbenzole und andere n-Alkylverbindungen, wobei sie durch Messung der Extinktionen der asymmetrischen C–H-Valenzschwingungsbanden bei 2930 und 2960 cm^{-1} die Anzahl der CH_2- bzw. CH_3-Gruppen im Molekül bestimmen konnten. Dabei zeigte sich, daß durch den aromatischen Ring eine Beeinflussung der CH_2-Schwingung stattfindet, die sich besonders bei kurzen Ketten auswirkt. Erst bei mehr als 4 CH_2-Gruppen zeigt die Extinktion der CH_2-Bande eine lineare Zunahme mit der Zahl der CH_2-Gruppen, so daß diese Methode besonders für Verbindungen mit langen Alkylresten geeignet erscheint.

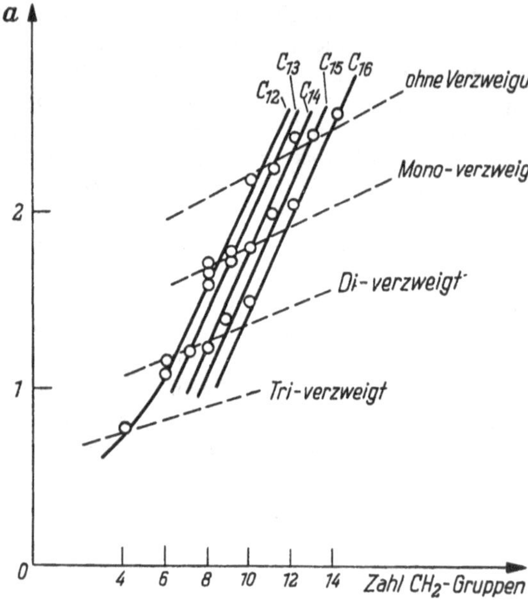

Abb. 16 Zur Bestimmung des Verzweigungsgrades [nach EGOROV [66])

$$a = \frac{\left(\frac{J_0}{J}\right)_{3,42\mu}}{\left(\frac{J_0}{J}\right)_{3,78\mu}}$$

Eine weitere Anwendung derartiger Methoden auf spezielle Kohlenwasserstofffraktionen beschreiben LUTHER und OELERT [67]. Sie bestimmten in gesättigten Chromatographiefraktionen verschiedener Öle aus dem integralen Absorptionskoeffizienten der CH_2-Deformationsschwingungen zwischen 690–810 cm^{-1} die Zahl der CH_2-Gruppen; aus dem maximalen Absorptionskoeffizienten der CH_3-Deformationsschwingungen bei 1380 und 1365 cm^{-1} den Gehalt an CH_3-Gruppen und naphthenische CH_2-Gruppen aus dem integralen Absorptionskoeffizienten der CH_2-Deformationsschwingung bei 1410 bis 1510 cm^{-1}. Der Gehalt an tertiären und quartären C-Atomen ergab sich aus der Differenz zu 1. Aus dem Intensitätsverhältnis der Banden bei 1380 und 720 cm^{-1} konnte der Verzweigungsgrad und der Anteil an Naphthenen abgeschätzt werden. Der Vergleich der Ergebnisse mit konventionellen Strukturgruppenanalysen (*n-d-M*) zeigte, daß bei kurzen Seitenketten die optisch gefundenen Naphthengehalte etwas höher lagen als die *n-d-M*-Werte, was auf den Einfluß von Verzweigungen zurückgeführt wird, die von der *n-d-M*-Methode nicht erfaßt werden. Gleiche Ergebnisse wurden bei der Untersuchung von Weißölen erhalten.

Sehr charakteristische Banden geben aromatische Kohlenwasserstoffe. Vor allem für die monocyclischen (Benzol-)Kohlenwasserstoffe existieren eine ganze Reihe von Banden, die eine Möglichkeit der analytischen Verwertung für Kohlenwasserstoffgemische bieten. Die hervorstechendsten Banden treten im Benzolmolekül zwischen 900—650 cm^{-1} auf und werden den Deformationsschwingungen der Wasserstoffe senkrecht zur Ebene des Benzolringes zugeordnet. Die Hauptschwingung, bei der alle Wasserstoffe in Phase schwingen, wird beim Benzol durch eine sehr intensive Bande bei 671 cm^{-1} angedeutet. Beim Eintritt eines oder mehrerer Substituenten in den Benzolring geben die restlichen Wasserstoffe charakteristische blauverschobene Banden, die für die Identifizierung von Substitutionsgrad und Stellung geeignet sind. Eine Zusammenstellung dieser Banden ist im Bild 17 gezeigt. Daraus erkennt man deutlich, daß eine einwandfreie Zuordnung der Substitutionsstellung möglich ist. In der Tat sind diese Banden für die Konstitutionsaufklärung mit Erfolg eingesetzt worden. So konnte bei der IR-spektroskopischen Untersuchung eines Aromatenextraktes durch uns festgestellt werden, daß die Aromaten vorwiegend mono-, 1.2-di- und 1.2.4-tri-substituiert sind. (Vgl. unterste Zeile in der Abb. 17.) Auch tetra- und pentasubstituierte Verbindungen scheinen möglich zu sein.

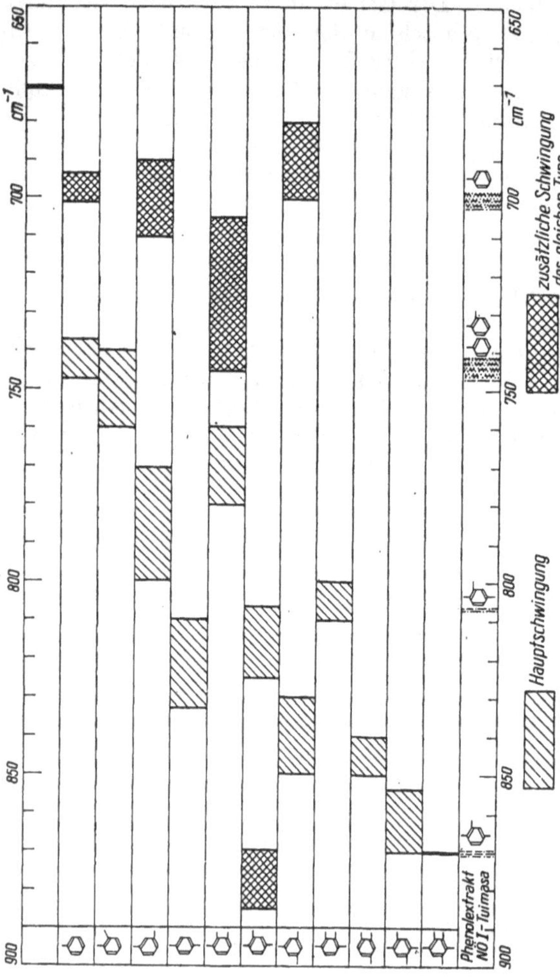

Abb. 17 Absorptionsbereiche der C–H-Deformationsschwingung in Alkylaromaten (out of plane, in phase) (nach JONES und SANDORFY [64])

Hughes und Martin [68] beschreiben eine Methode, mit der sie mono- und disubstituierte Benzole durch Messung der integralen Absorption bei 11.8—12.5μ (p-), 12.5—13.1μ (m-), 13.1—13.9μ (o-) und 13.9—14.8μ (mono) mit einem Fehler von ca. 10% bestimmen können. Allerdings stören höher alkylierte Benzole und polycyclische Aromaten.

Schließlich seien noch die Arbeiten erwähnt, die die IR-Spektroskopie zur direkten Analyse von Mineralölen und Mineralölprodukten einsetzen. Hierher gehören vor allem die Arbeiten von Brandes [69], Rentrop [70] und Berthold, die auf der Basis bestimmter Schlüsselfrequenzen eine Gruppenanalyse derartiger Produkte anstreben. Dabei erreichte Brandes die gleiche Genauigkeit wie die *n-d-M*-Analyse, auf deren Voraussetzungen und Einschränkungen er aufbaute (vgl. Teil I, Kapitel 7). Durch ein Mischungsverfahren gelang Rentrop u. a. eine wesentliche Erweiterung insofern, als durch Zumischen von reinen n-Paraffinen zu Aromatenkonzentraten das Paraffin-Aromat-Verhältnis wieder in die von der *n-d-M*-Methode geforderte Größenordnung gebracht wird. Somit sind nun auch hocharomatische Produkte der Messung zugänglich. Zur Messung wurde die 720 cm^{-1}-Bande der CH_2-Rockingschwingung (für % C_P) und die 1615 cm^{-1}-Bande der C=C-Valenzschwingung in Aromaten (für % C_A) benutzt, % C_N ergibt sich durch Differenz zu 100.

Die Zahl der Beispiele ließe sich noch beliebig fortsetzen, jedoch sollte im Rahmen des vorliegenden Buches nur versucht werden, dem Interessenten einen Überblick über Möglichkeiten der Anwendung der IR-Spektroskopie für die Kohlenwasserstoffanalyse zu geben, wobei dieser Überblick keineswegs Anspruch auf Vollständigkeit erheben will.

1.4.2. Raman-Spektroskopie

Im Gegensatz zur IR-Spektroskopie beruht der Raman-Effekt auf einer durch die Durchstrahlung der Materie angeregten Streustrahlung. Bestrahlt man eine Verbindung mit monochromatischem Licht (meist Hg-Linie 4358 Å), so treten in dem senkrecht zur Einfallsrichtung der Primärwelle beobachteten Streulicht neben der unveränderten Frequenz der Erregerlinie neue Linien auf, die rot- bzw. blauverschoben und von kleinerer Intensität sind als die Primärlinie. Der Abstand der Streulinie von der Erregerlinie ist die sog. Raman-Frequenz.

Während die IR-Absorption durch Änderungen des Dipolmomentes der Moleküle verursacht wird, wird die Raman-Streuung durch Polarisierbarkeitsänderung der Atombindungen während der Schwingungen verursacht. Daher spielt die Raman-Streuung in der organischen Chemie eine wesentlich größere Rolle als in der anorganischen, wo die Ionenbindungen ihre Polarisierbarkeit im allgemeinen nicht ändern. Aus der Art dieser Wechselwirkungen ergibt sich, daß es entweder IR-aktive oder ramanaktive Schwingungen gibt, außerdem kann eine Schwingung sowohl IR- als auch raman-aktiv sein. Im allgemeinen ist die Intensität der Ramanbanden wesentlich schwächer als die der IR-Banden, da die gesamte Streustrahlung nur ca. 1% der eingestrahlten Energie ausmacht. Eine größere Zahl an Arbeiten der UdSSR hat die Abhängigkeit der Intensität der Raman-Linien von der Molekularstruktur untersucht.

In der Raman-Spektroskopie gibt es ebenfalls charakteristische Gruppenfrequenzen, die den gleichen Schwingungsarten wie bei der IR-Spektroskopie zugeordnet werden und deshalb hier nicht noch einmal erwähnt werden sollen. Spektrensammlungen zu Vergleichszwecken sind sowohl vom API als auch von FENSKE und Mitarbeitern veröffentlicht worden. Für die Anwendung der Raman-Spektroskopie in der Kohlenwasserstoffanalytik gibt es eine ganze Reihe von Beispielen. So gibt SUSHINSKII in einem Übersichtsreferat [71] eine genaue Zuordnung der Ramanlinien für die Strukturanalyse von Kohlenwasserstoffmolekülen. Es werden Linien bei 870—890 cm^{-1} der vollsymmetrischen Gerüstschwingung von C-Ketten zugeordnet, die Intensität der Linie bei 1330 cm^{-1} ist der Gesamtzahl der CH_2-Gruppen proportional; Gerüstschwingungen zwischen 650–750, 720–750 und 800–900 cm^{-1} werden Strukturen mit tertiären und quartären Kohlenstoffatomen zugeordnet.

Landsberg und Kasanski arbeiteten eine kombinierte Methode zur Untersuchung von Benzinfraktionen aus, die aus fraktionierter Destillation, Adsorptionschromatographie, katalytischer Dehydrierung und Identifizierung der Bestandteile durch Ramanspektroskopie besteht [72]. Mit dieser Methode untersuchte der Verfasser und später Urmantschejew und Mitarbeiter eine Reihe von Benzinen sowjetischer Fundorte, darunter auch die Benzine der Erdöle von Tuimasa und Romaschkino. Dabei gelang im Durchschnitt eine Identifizierung von 83% der enthaltenen Kohlenwasserstoffe, unter denen normale und verzweigte Paraffine sowie Cyclohexane den Hauptanteil ausmachen. Cyclopentane und Aromaten sind nur zu ca. 10–12% in diesen Benzinen enthalten. In Tabelle 4 ist eine Übersicht einiger der für uns interessanten Benzine der Tatarischen SSR gegeben. Infolge der hohen Gehalte an n-Paraffinen ist die Oktanzahl der straight-run-Benzine sehr schlecht.

Für höhere Kohlenwasserstoffe sind noch keine Anwendungen der Raman- Spektroskopie bekannt geworden, da hier die Eigenabsorption und evtl. auch eine Fluoreszenz die Bestimmung erschwert.

1.4.3. Kernresonanz-Spektroskopie

Diese moderne Methodik ist erst 1946 gleichzeitig von Purcell und Bloch entdeckt und entwickelt worden [73]. Sie beruht auf der Wechselwirkung des Magnetismus der Atomkerne mit einem von außen angelegten starken Magnetfeld in Verbindung mit einem hochfrequenten Feld von 40–100 MHz. Jedes der verschiedenen Iso-

Tabelle 4 Benzinanalysen tatarischer Erdöle durch Raman-Spektroskopie (nach KASANSKI bzw. URMANTSCHEJEW) (alle Benzine mit Siedeende 150 °C)

	Tuimasa (Devon) I-Horizont D_1^2 [%]	Bawlinsk (Bohrloch 15) I-Horizont D_1^2 Schichtserie Paschia (1650 m) [%]	Romaschkino (Bohrl. 109) Schichtserie Paschia (1820 m) [%]	Minnibajewsk (Bohrl. 53) I-Horizont D_1^2 (1750 – 62 m) [%]	Bawlinsk (Bohrl. 426) Horizont C_I^{2h} (Carbon) [%]	Romaschkino (Bohrl. 616) Horizont D_0 (kynowski-sche Schicht) (Devon) [%]	Romaschkino (Bohrl. 641) Horizont D_{III} (Schiwets-kische Schicht (Devon) [%]
n-Paraffiine	39,3	35,60	30,35	32,27	29,0	27,9	27,3
Isoparaffine mit tert. C	26,2	26,00	30,46	31,43	35,1	30,9	23,5
Isoparaffine mit quart. C	0,7	0,22	0,06	0,15			
Cyclopentane	5,4	6,82	6,18	6,69	7,9	8,8	7,2
Cyclohexane	11,1	9,19	9,12	9,40	8,6	10,0	13,5
Aromaten	5,2	4,72	4,35	4,71	2,2	3,7	5,9
nicht identifiziert	2,3	4,91	5,18	4,59	6,02	5,35	4,69

topen eines Elementes hat eine bestimmte Resonanzfrequenz, die von seinem magnetischen Kernmoment und seinem Kernspin abhängt. Über Theorie und experimentelle Methodik vergleiche STAAB [62]. Anwendungen der Kernresonanz auf Probleme der Kohlenwasserstoffanalyse sind trotz der kurzen Zeit schon bekannt geworden.

So berichtet WILLIAMS auf einem „Symposium über die Zusammensetzung von Erdölen" in New Orleans (1957) über die Anwendung der Kernresonanzspektroskopie zur Charakterisierung von Kohlenwasserstoffen in Erdöl. Es werden in diesem Vortrag Analysenschemata zur Charakterisierung von gesättigten, aromatischen oder olefinischen Fraktionen angegeben; auf der Basis hochauflösender Kernresonanzspektroskopie, Elementaranalyse und Molgewichtsbestimmung. Aus dem Verhältnis der Absorptionsbanden für Methyl- bzw. Methylengruppen wird ein sog. „Verzweigungsindex" abgeleitet, der ein Maß für die Verzweigung in derartigen Kohlenwasserstoffgemischen darstellt. Dieser „Verzweigungsindex" ist zumindest in gesättigten Gasölfraktionen linear vom Gehalt an Naphthen-Kohlenstoff abhängig. Für die Analyse von Aromaten (vorwiegend monocyclische) wird neben der Elementaranalyse und dem Molgewicht die relative Konzentration verschieden gebundener Wasserstoffatome bestimmt: Wasserstoffatome am aromatischen Kern, α-Alkyl-Wasserstoffatome und andere Alkyl-Wasserstoffatome. Aus diesen Angaben läßt sich dann die wahre Strukturgruppenverteilung berechnen. Die Methode ist — entsprechend des Mechanismus — auch auf höchste Fraktionen (Rückstände) der Erdölverarbeitung anwendbar.

1.4.4. Massenspektrometrie

Obwohl die Massenspektrometrie auf völlig anderen Grundlagen beruht, als die bisher besprochenen „optischen" Methoden, soll sie an dieser Stelle mit erwähnt werden, da sie sich als Methode zur Untersuchung von

Vielstoffgemischen — speziell Kohlenwasserstoffmischungen — außerordentlich schnell durchgesetzt hat.

Ohne auf die apparative Entwicklung der Massenspektroskopie seit THOMSON (1910) und ASTON (1919) näher einzugehen, sei kurz die Wirkungsweise dargestellt. In einer gasförmig vorliegenden Substanz (Atome oder Molekeln) werden bei hohem Vakuum u. a. durch Elektronenstoßanregung in der *Ionenquelle* Ionen gebildet, die beim Durchlaufen magnetischer oder/und elektrischer Felder in bestimmter Weise nach Massen und Energien getrennt werden, so daß sie auf einem geeigneten Auffänger als System verschiedener Linien gleichzeitig nachweisbar werden. Ein neues, heutzutage sich stark verbreitendes Gerät ist das sog. „Flugzeit-Massenspektrometer". Hier werden kurze Ionenstromimpulse erzeugt, die sich nach einer gewissen Laufzeit infolge ihrer unterschiedlichen Geschwindigkeit trennen und nacheinander am Auffänger ankommen und registriert werden. Über weitere apparative und konstruktive Einzelheiten informiere man sich in der ausgezeichneten Monographie von EWALD und HINTENBERGER [74].

Wie schon erwähnt, wird neben der ursprünglichen Aufgabe der Massenspektrometrie, der Bestimmung von Isotopenmassen, diese Methode auch zur Strukturuntersuchung und Analyse organischer Verbindungen und Gemische herangezogen. Bei der Elektronenstoßanregung einer Molekel kann je nach der Energie der anregenden Elektronen entweder ein Elektron aus der Elektronenwolke herausgeschlagen werden oder das ganze Molekül in verschiedene ionisierte Bruchstücke zerschlagen werden. Im ersten Fall entsteht das sog. „Molekelion", im zweiten Falle spricht man von „Bruchstückionen". Es hat sich gezeigt, daß bei Anregungsspannungen zwischen 50—100 eV und Konstanz aller apparativen Faktoren das von einer einheitlichen Substanz erzeugte Spektrum von Molekül- und Bruchstückionen charakteristisch für die betreffende Substanz ist. Zusätzlich hat sich ergeben, daß bei gleicher Anregungsenergie die einzelnen ionenbildenden Prozesse mit sehr verschiedenen Wahrscheinlichkeiten eintreten, die wiederum von der Struktur der Molekel abhängen. Nachfolgend sollen einige allgemeine Gesetzmäßigkeiten aufgeführt werden, die sich durch Auswertung zahlreicher Spektren reiner Substanzen ergeben haben.

1. Gesättigte Kohlenwasserstoffe zeichnen sich dadurch aus, daß ihr Molekelion für sie charakteristisch ist und kein Bruchstückion höherer Kohlenwasserstoffe die gleiche Massenzahl belegen kann.

2. Die Häufigkeit der Molekelionen im Vergleich zu den Bruchstückionen nimmt bei aliphatischen Kohlenwasserstoffen mit steigender C-Zahl und steigender Verzweigung stark ab.

3. Bei verzweigten Kohlenwasserstoffen erfolgt die Spaltung bevorzugt an tertiären oder quartären C-Atomen.

4. Zerfällt ein Molekül in 2 Bruchstücke, so tritt meist das schwerere als Ion auf.

5. Die Unterschiede der Massenspektren von Isomeren sind bei gesättigten Verbindungen größer als bei ungesättigten.

6. Mehrfachbindungen sind meist stabiler als Einfachbindungen.

7. Sehr stabil ist der Benzolring.

Weitere Gesetzmäßigkeiten ergeben sich durch die Möglichkeit der Bildung von zweifach geladenen Ionen sowie durch Umordnung einzelner Atome im Moment des Zerfalls (sog. „Rearrangement“).

Für die Anwendung der Massenspektrometrie auf die Analyse von Vielstoffgemischen ist trotz der bisher bekannten Gemeinsamkeiten die Kenntnis möglichst zahlreicher Vergleichsspektren reiner Substanzen unumgänglich. Auf dem Gebiet der Kohlenwasserstoffanalyse existieren zahlreiche Veröffentlichungen über derartige Eichspektren. Die wohl umfangreichste und laufend vervollständigte Sammlung ist der „Catalog of Mass Spectral Data“ des American Petroleum Institute [75]. Mit Hilfe dieser Eichspektren ist es dann möglich, durch geeignete

Rechenverfahren (Determinantenrechnung) die qualitativ bekannten Komponenten eines Vielstoffgemisches auch quantitativ zu bestimmen. Dabei soll die Gesamtzahl der Komponenten möglichst nicht mehr als 10 betragen, was durch vorangehende Trennverfahren (Destillation, Chromatographie) zu erreichen ist. Andererseits ist es auch möglich, einzelne Isomere einer Mischung mit gleichartigen Spektren zu einer Gruppe zusammenzufassen und mit Hilfe eines Durchschnittsspektrums als Gruppe zu bestimmen (Brown). Diese Methode wurde zuerst bei Benzinen angewandt — wobei Paraffine, Cycloparaffine und Olefine, Cycloolefine + Diene und Acetylene sowie Aromaten als Gruppe bestimmt wurden — und später durch Aufteilung der Paraffingruppe in n- und iso-Paraffine erweitert. Auch kondensierte Ringsysteme können so getrennt bestimmt werden. Auch die Bestimmung einzelner Komponenten oder Gruppen in einem großen Gemisch ist möglich, vorausgesetzt, daß die Einzelspektren dieser Verbindungen Ionenanzeigen enthalten, die kaum von anderen Komponenten der Mischung belegt sind. So konnten z. B. Lumpkin und Thomas den Aromatengehalt von Kohlenwasserstoffgemischen isoliert bestimmen.

Zur Analyse isomerer und im Massenspektrum schwer trennbarer Gemische wird in zunehmendem Maße die Kombination mit anderen Methoden angewandt. Sowohl die Kombination Massenspektrometer—IR-Spektralphotometer als auch die Kombination Gas-Chromatographie—Massenspektrometer hat sich dabei für viele Trenn- und Analysenprobleme bewährt.

Abschließend sollen an dieser Stelle eine Reihe von Arbeiten zitiert werden, aus denen die Leistungsfähigkeit und Anwendungsbreite der Massenspektrometrie in der Kohlenwasserstoffanalytik deutlich wird. Eine ausführliche Zusammenstellung der auf diesem Gebiet erzielten Ergebnisse ist bei Washburn [76] zu finden. In Houben-Weyl findet sich die nachstehend aufgeführte Tabelle der bisher untersuchten KW-Gemische. [Auszug; (Stand 1954):]

Tabelle 5 Massenspektrometrisch untersuchte Substanzen

Kohlenwasserstoffe		Sauerstoffverbindungen	
Paraffine	C_1-C_{22}	Alkohole	C_1-C_{11}
Olefine	C_1-C_{10}	Ketone	C_3-C_6
Diolefine	C_3-C_6	Aldehyde	C_1-C_5
Naphthene	C_5-C_{10}	Äther	C_2-C_6
Aromaten	C_6-C_{31}	Ester	C_2-C_5
Acetylene	C_2-C_8	Phenole	
Polyacetylene	C_4-C_5		
		Stickstoffverbindungeu	
organische Schwefelverbindungen		Pyridinderivate	
		Nitrile	C_1-C_5
	bis C_{19}	Pyrrolderivate	
		Amine	

Besonders zahlreich sind naturgemäß die Arbeiten an den niedrigsiedenden Kohlenwasserstoffen. So berichtet WASHBURN [76] über eine Vergleichsanalyse der C_1–C_4 Paraffine und Olefine mit 24 verschiedenen Geräten. Dabei ergaben sich mittlere Fehler von 0,1—0,8 Mol.% der einzelnen Komponente. FRANKE [77] berichtet über ein Verfahren zur Gruppenanalyse von Benzinen, wobei durch Bestimmung der Intensitäten zahlreicher Massenpeaks und Ausrechnung nach Eichwerten n-Paraffine, iso-Paraffine, Cycloparaffine, Dicycloparaffine, Olefine, Cycloolefine + Diene + Acetylene, Alkoholzusätze sowie die Aromaten gesamt und gegliedert nach C_6–C_{11} bestimmt werden konnten. Der gleiche Autor verfeinerte die Methode noch insofern, als er bei Analysen von Gesamtbenzinen bis $\sim$ 180° erst eine fraktionierte Destillation vorschaltete und die Analyse der Destillatfraktionen dann massenspektrometrisch durchführte. Die Verbindungen bis 50° Siedepunkt wurden nur gaschromatographisch untersucht.

Die direkte Analyse von Aromatengemischen ist in zahlreichen Arbeiten untersucht worden. Das ist besonders naheliegend, da aromatische Kohlenwasserstoffe im Massenspektrum Massenzahlen liefern, die von anderen Kohlenwasserstoffgruppen nur wenig oder gar nicht besetzt werden, so daß es möglich ist, auch in komplexen Kohlenwasserstoffgemischen die Aromaten unabhängig von anderen Komponenten zu bestimmen. So berichten LUMPKIN und THOMAS [78] über die Bestimmung der C_6–C_9-Aromaten mit einer Genauigkeit von $\pm$ 1%, wobei für jede Aromatengruppe eine bestimmte Massenzahl verwendet wird (C_6–m/e 78, C_7–92, C_8–106, C_9–120). Eine Aromatenbestimmung im höhersiedenden Gasölbereich ($Kp_{0,2}$ 209—213°) verwendet zusätzlich die UV-Spektroskopie [79]. Es werden in den chromatographisch erhaltenen Fraktionen eines gecrackten Produktes Naphthaline, Phenanthrene (47—50%), Anthracene, Pyrene, Benzofluorene und Tetraphene nachgewiesen.

Eine ausführliche Beschreibung der Massenspektrometrie schwerer Kohlenwasserstoffe geben O'NEAL und WIER an [80]. Hier werden mit einem auf 400° geheizten Einlaßsystem die Massenspektren von 16 reinen Kohlenwasserstoffen im Molgewichtsbereich von C_{18}–C_{32} bestimmt; die Spektren der Massenzahlen zwischen 12—479 werden tabellarisch angegeben. Es zeigte sich, daß auch hier die o. g. Gesetzmäßigkeiten auftreten: Der Peak des Molekülions ist bei gesättigten Verbindungen stets von sehr geringer Intensität, jedoch stellt dieser Peak stets die oberste Grenze dar. Bei kondensierten Aromaten treten vor allem die Bruchstückionen der Grundgerüste stark hervor. Analoge Arbeiten wurden von CARLSON und O'NEAL auf dem ASTM-Symposium über die Zusammensetzung von Erdölen mitgeteilt [81], und FITZGERALD, CIRILLO und GALBRAITH [82] beschrieben kürzlich eine massenspektrometrische Untersuchung von Heizölproben, wobei nach Chromatographie in den Fraktionen Paraffine, Mono- und Polycycloparaffine (isoliert oder kondensiert) sowie Mono- und polycyclische Aromaten bestimmt wurden.

Zum Abschluß seien noch einige Beispiele für die Kombination von Massenspektrometer mit der Gas-Chromatographie angeführt. Diese beiden Methoden ergänzen sich auf das Vorteilhafteste, da gas-chromatographisch nicht trennbare Verbindungen im Massenspektrometer einwandfrei nebeneinander nachweisbar sind und umgekehrt. Als Massenspektrometer werden hierbei meistens sog. Flugzeit-Geräte benutzt, bei denen eine sehr schnelle Analyse gewährleistet ist. HENNEBERG [83] beschreibt eine solche Kombination und deren Anwendung auf Probleme der Kohlenwasserstofftrennung. Er arbeitet mit

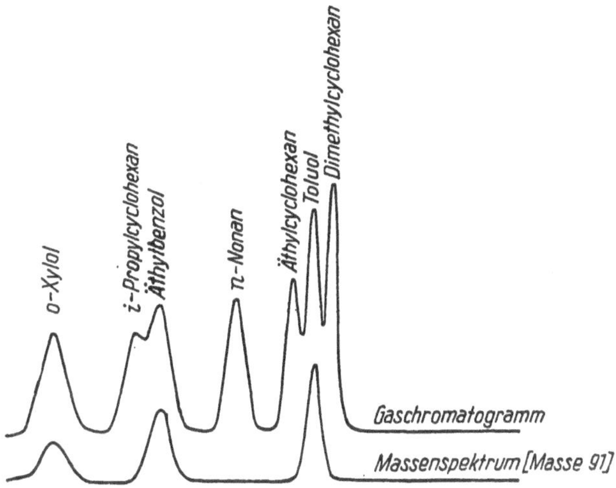

Abb. 18 Messung eines Gemisches mit Einstellung des Massenspektrometers auf Masse 91 (nach HENNEBERG [83])

einem auf eine Masse fest eingestellten Spektrometer und erhält aus dem Signal der Wärmeleitfähigkeitszelle und dem des Massenspektrometers zwei unabhängige Anzeigen, die zur Auswertung herangezogen werden können. Wird das Spektrometer auf eine für eine bestimmte Substanzgruppe charakteristische Massenzahl eingestellt, so werden nur die Peaks der betreffenden Substanzklasse mitgeschrieben (z. B. Masse 57 für n-Paraffine, Masse 91 für Benzolderivate). Abb. 18 zeigt eine solche charakteristische Messung, bei der nur die Aromaten mitgeschrieben werden.

Auch auf den Vorträgen des 6. Welterdölkongresses in Frankfurt/Main wurden zahlreiche Beispiele für derartige Kombinationen mitgeteilt, (u. a. HUGHES, BENDORAITIS), wobei neue Erkenntnisse über Erdölinhaltsstoffe oder Fortschritte bei der Schnellanalyse von Rohölen gewonnen wurden.

1.5. Kristallisation

Der Prozeß der Kristallisation dient in der Technologie der Erdölverarbeitung stets dazu, aus Destillatfraktionen des Rohöls die störenden, meist gut kristallisierenden Paraffine abzutrennen. Bei der Analytik von Erdölprodukten wird die Kristallisation sowohl zur Abtrennung reiner Verbindungen als auch zur Gewinnung von Kohlenwasserstoffen hoher Reinheit verwendet.

Die theoretischen Grundlagen des Kristallisationsprozesses für Zweistoffsysteme sind u. a. von ROSSINI dargestellt worden [25], wobei zwischen den Systemen Reinstoff/Lösung, Reinstoff 1/Reinstoff 2 ohne und mit gegenseitiger Löslichkeit unterschieden wird. Bei der Abtrennung und Reinigung von Kohlenwasserstoffen werden vorwiegend das erste und letzte System von Bedeutung sein. Hier gelten die bekannten Abhängigkeiten der Konzentration von der Temperatur, wie sie in jedem Lehrbuch der physikalischen Chemie zu finden sind (z. B. Abb. 19).

Die Abtrennung der Paraffine und Ceresine aus Erdölfraktionen wird meistens aus einem Lösungsmittel vorgenommen. Als Lösungsmittel kommen hierbei meistens Gemische in Betracht, die aus einem öllösenden und einem paraffinfällenden Anteil bestehen. Als Öllöser werden vorwiegend Benzol oder Toluol verwandt, als Paraffinfäller sind Ketone, Alkohole oder Chlorkohlenwasserstoffe geeignet. Die Erdölfraktion wird in der drei- bis sechsfachen Lösungsmittelmenge warm gelöst und dann auf Kristallisationstemperatur abgekühlt, abgesaugt und mit dem gleichen Lösungsmittel „ölfrei“ gewaschen. Die ent-

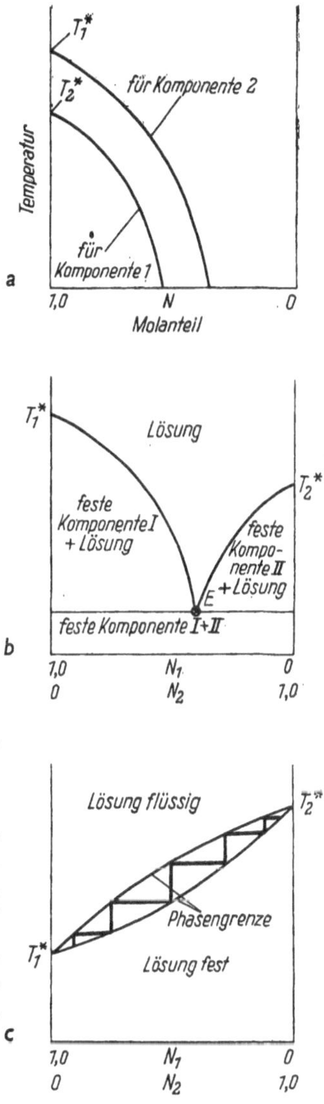

Abb. 19 Gleichgewichtskurven zur Kristallisation (aus ROSSINI, MAIR, STEIFF [25])

a – System Reinstoff (1 oder 2)/Lösung;

b – System Reinstoff 1/Reinstoff 2 ohne gegenseitige Löslichkeit in der festen Phase. *E* = Eutektischer Punkt;

c = System Reinstoff 1/Reinstoff 2 mit völliger gegenseitiger Löslichkeit in der festen Phase

stehenden Kristalle sind je nach der Siedelage des Produktes und dem angewandten Lösungsmittelgemisch grob- oder mikrokristallin und können als Ausgangsmaterial für weitere Zerlegungen dienen.

So konnte z. B. TERRES [10] bei der fraktionierten Kristallisation der Paraffine aus Mineralölen und Braunkohlenschwelteeren zeigen, daß von der Vielzahl der möglichen Isomeren derartiger Gemische stets nur eine relativ kleine Zahl homologer Reihen darin vorkommen. Die vorwiegend enthaltenen Verbindungen sind neben n-Paraffinen vor allem 2- und 3-Methylparaffine.

FINKE [16] konnte bei der Untersuchung einer Schmierölfraktion aus sowjetischem Rohöl nach einer Voranreicherung durch Adsorptionschromatographie und Harnstoffadduktbildung durch Kristallisation aus Isopropylalkohol eine Paraffinfraktion gewinnen, aus der reine n-Paraffine der Kettenlänge C_{22}–C_{30} isoliert werden.

In einer ausgedehnten Arbeit zur *Entparaffinierung* zeigte GIPP [84], daß bei der fraktionierten Kristallisation von Schmierölfraktionen zwischen $+20°$ und $-80°$ nicht nur n-Paraffine, sondern auch Isoparaffine und Alkylnaphthene angereichert werden. Unterhalb $-30°$ wurden dabei keine Paraffine mehr erhalten. Die unterhalb $-30°$ kristallisierenden Verbindungen fielen als glasige Massen an, die vorwiegend Alkylnaphthene enthielten.

Eine große Zahl von Arbeiten des American Petroleum Institut (API) beschreibt die Abtrennung und Reinigung reiner Kohlenwasserstoffe aus Erdölfraktionen bzw. die Reinigung synthetischer Kohlenwasserstoffe zu Vergleichszwecken. Ein Großteil dieser Arbeiten ist in dem oben zitierten Werk von ROSSINI und Mitarbeitern angegeben. So wurden aus engen Siedeschnitten des im Forschungsprojekt 6 des API untersuchten Erdöls (Ponca, Oklahoma) durch Reinigung mittels Chromatographie, Azeotropdestillation und Kristallisation mindestens 29 reine Kohlenwasserstoffe mit einer Reinheit der meisten Proben $> 95\%$ isoliert. (18 Veröffentlichungen im Zeitraum von 1931–1946). Weitere 13 Veröffentlichungen beschreiben die Reinigung und die physikalischen Konstanten von zahlreichen Standardkohlenwasserstoffen als Testsubstanzen. Bei allen diesen Arbeiten wurde die Kristallisation meist ohne Lösungsmittel durchgeführt. Die Abtrennung der flüssigen Bestandteile erfolgte in einer eigens für diesen Zweck konstruierten kühlbaren Laborzentrifuge, wodurch eine weitgehende Entfernung der anhaftenden Flüssigkeit von den Kristallen erreicht wurde. Die Kontrolle der Reinheit erfolgte durch Bestimmung der Erstarrungspunkte, die auf Verunreinigungen empfindlicher ansprechen als jede andere physikalische Kennzahl.

Aus den angeführten Beispielen wird deutlich, daß der Prozeß der Kristallisation in der Kohlenwasserstoffanalytik für bestimmte Probleme auch heute noch seine Berechtigung hat, ja für manchen Zweck gar nicht zu ersetzen ist.

1.6. Extraktion

Auch die Extraktion ist wiederholt zur Trennung von Kohlenwasserstoffgemischen eingesetzt worden. Die theoretischen Grundlagen beruhen auf dem thermodynamischen Gleichgewicht zwischen zwei flüssigen Phasen und entsprechen den Vorstellungen bei der fraktionierten Destillation bzw. der Flüssig-Verteilungschromatographie. Die Extraktion trennt prinzipiell nach Molekulartypus, weshalb sie z. B. vom API zur Trennung der Paraffine von den Naphthenen und zur Trennung der mono-, di- und tricyclischen Naphthene bzw. Aromaten eingesetzt wurde [25]. Dabei wird gefordert, daß die einzusetzende Probe in bezug auf ihre Molekelgröße sich höchstens um 1 C-Atom unterscheiden soll, da sonst die Trennung verschlechtert wird.

Mair und Schicktanz sowie Mair und Willingham [85] berichteten schon 1936—1938 über die Zerlegung des Extraktes und des Ölanteiles einer Schmierölfraktion in

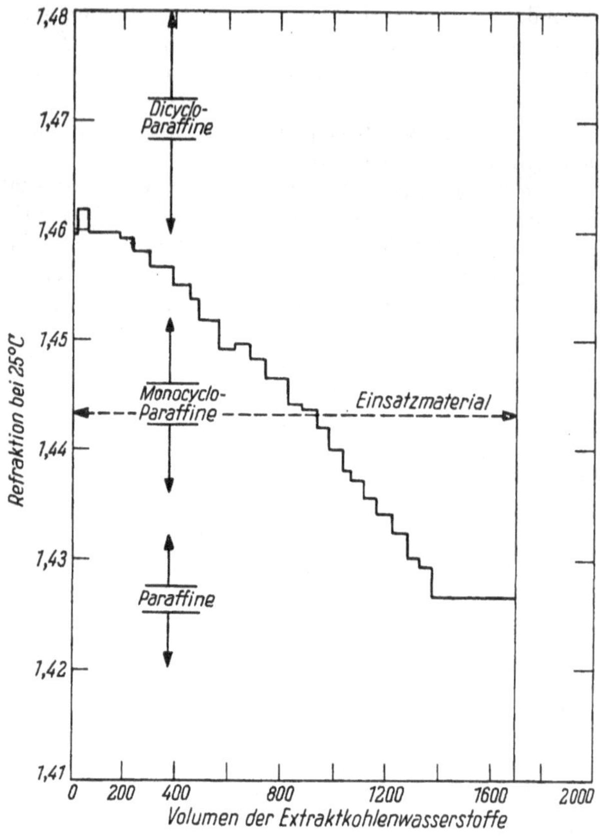

Abb. 20 Extraktionsergebnis eines Kerosindestillates mit Methylformiat in einer 16,8 m – Extraktionsapparatur (nach ROSSINI, MAIR, STEIFF [25])

ca. 16 m hohen Extraktoren. Der Ölanteil wurde mit wss. Aceton, der Extrakt mit Methylcyanid (Acetonitril) extrahiert. Eine Operation dauerte bis zu 4 Wochen (Gleichgewichtseinstellung nach jeder Probenahme ca. 24 Std.) und lieferte dann enge Fraktionen mit fallender

Löslichkeit im Extraktionsmittel, die sich nach Struktur und physikalisch-chemischen Eigenschaften sehr stark voneinander unterschieden. Wird die Extraktion mit einer hochwirksamen Vakuumdestillation kombiniert, so erhält man schließlich Fraktionen, deren Zusammensetzung weitgehend homogen ist, sowohl strukturell als auch nach der Größe.

Ein anderes Beispiel ist die Zerlegung einer Paraffin-Cycloparaffinfraktion des Siedebereiches nahe 227° (Kerosin-Bereich). Die Extraktion mit Methylformiat bei 10° ergab eine gute Auftrennung in Paraffine, monocyclische und dicyclische Naphthene (Abb. 20).

Auch bei der Anreicherung bestimmter Kohlenwasserstoffe aus Erdölfraktionen leistet die Extraktion u. U. gute Dienste. So gelang es CARRUTHERS und Mitarbeitern z. B. aus einem aromatischen Rohöl (Trinidad) durch Extraktion einer hochsiedenden Destillatfraktion mit Furfurol und anschließende Behandlung mit Pikrinsäure verschiedene Trimethylnaphthaline zu isolieren. Analog konnten aus engen Fraktionen eines Kuweit-Öles durch Extraktion mit wäßrigem Aceton und Adduktbildung mit Maleinsäureanhydrid eine Reihe Anthrazenhomologe (Dimethyl-, Trimethyl- und Tetramethylverbindungen) isoliert werden.

So trägt auch die Extraktion in der Analytik von Erdölprodukten dazu bei, Stoffgruppenzerlegungen zu erzielen, um einen immer tieferen Einblick in die Natur der Erdölinhaltsstoffe zu gewinnen.

2. Chemische Methoden

Alle bisher beschriebenen Trenn- und Analysenmethoden beruhen auf physikalisch-chemischen Grundlagen. Oberstes Gesetz war bisher stets die schonendste Behandlung der Proben, um Veränderungen weitgehend zu vermeiden.

Im Gegensatz dazu sollen abschließend noch einige Methoden besprochen werden, die auf der chemischen Reaktion der Erdölbestandteile mit einem Reaktionspartner beruhen und als Ergebnis neue Verbindungen entstehen lassen.

Hierher gehört einmal das große Gebiet der Einschlußverbindungen, bei denen eine bestimmte Klasse von Erdölbestandteilen selektiv gebunden und dadurch abgetrennt werden kann; dann die Additionsverbindungen (Pikrate u. ä., die ebenfalls der Analyse bestimmter Erdölbestandteile dienen. Daß die Hydrierung für die Analytik von Kohlenwasserstoffen eine gewisse Rolle spielt, wurde schon früher deutlich (Strukturgruppenanalysen). Ebenso kann man auch die Dehydrierung zur Strukturgruppenaufklärung von Erdölbestandteilen verwenden, und in letzter Zeit ist auch die Oxydation und die Ozonolyse mit Erfolg für diesen Zweck eingesetzt worden.

2.1. *Einschlußverbindungen*

2.1.1. *Harnstoff-Addukte*

Die von Bengen [86] im Jahre 1930 entdeckte Fähigkeit geradkettiger Verbindungen, mit Harnstoff kristallisierte Einschlußverbindungen zu bilden, ist in den letzten dreißig Jahren Gegenstand zahlreicher Arbeiten gewesen. Die Beständigkeit dieser Einschlußverbindungen ist unterschiedlich, im allgemeinen steigt sie in homologen Reihen mit der Kettenlänge an.

Das normalerweise tetragonale Gitter des Harnstoffs wird bei der Addition in ein hexagonales Gitter umgewandelt. Dabei bilden sich kanalartige Hohlräume, in denen die Gastmolekeln als gestreckte Zickzackketten liegen können. Diese Ketten liegen nicht an definierten Plätzen in den Kanälen, sondern sind statistisch, in der Längsachse verschiebbar, eingebaut.

Der Grund für den fast ausschließlichen Einbau von geradkettigen Verbindungen liegt in der Größenordnung der Kanäle und der Gastmolekeln. Der Durchmesser des Harnstoffkanals im hexagonalen Gitter beträgt etwa 5 Å, so daß Isoverbindungen und Ringverbindungen größenordnungsmäßig nicht eingebaut werden dürften. Jedoch hat schon SCHLENCK [87] darauf aufmerksam gemacht, daß bei Gemischen verzweigte Verbindungen mit eingeschleppt werden können. SCHIESSLER [88] und TERRES [89] haben zeigen können, daß auch endständig verzweigte Isoverbindungen oder Alkylnaphthene bzw. -aromaten Addukte bilden können, wenn nur der gerade Teil der Kette lang genug ist.

Die Bildung der Harnstoffaddukte ist mit einer positiven Wärmetönung verbunden. Diese ist bei Karbonsäure-Addukten besonders hoch, was darauf hinweist, daß nicht nur eine reine Ausfüllung des Hohlraums stattfindet, sondern auch van der Waalsche Kräfte zwischen Harnstoff und Gastmolekel wirksam werden.

In der Erdölanalytik wird die Harnstoffaddition vorzugsweise zur Abtrennung der n-Paraffine benutzt. Dabei ist es ratsam, möglichst ein Addukt zur Addition einzusetzen, das die n-Paraffine schon angereichert enthält. Solche Produkte sind die bei der Entparaffinierung anfallenden Gatsche oder die aromatenfreien Fraktionen aus der Säulenchromatographie.

Die Methodik der Adduktbildung kann je nach Produkt variiert werden. Entweder man arbeitet in gesättigter wäßriger oder organischer Harnstofflösung (Methanol, Aceton o. ä.) — das zu addierende Kohlenwasserstoffgemisch wird in Benzol oder einem ähnlichen Lösungsmittel zugegeben — oder man löst das Kohlenwasserstoffgemisch in Petroläther oder Benzin, dem eine kleine Menge Aceton oder Methanol zugefügt wird, und trägt den gemahlenen Harnstoff in fester Form ein. Allgemein erfolgt die Mischung der Komponenten bei erhöhter Temperatur (~ 60°), danach wird auf tiefe Temperaturen abgekühlt, die der Kettenlänge des eingesetzten Kohlenwasserstoffgemisches entspricht (z. B. Tafelparaffine, Gatsche u. ä. $\pm 0°$; Benzine, DK u. ä. $-20°$). Die ausgefallenen Kristalle werden abgesaugt, mit kaltem Lösungsmittel gewaschen und trockengesaugt. Im Filtrat wird evtl. enthaltenes Methanol oder Aceton und gelöster Harnstoff mit Wasser ausgewaschen, nach dem Abdampfen des Lösungsmittels (Benzol oder Benzin o. ä.) verbleibt der nichtaddierbare Anteil. Der addierbare Anteil wird aus dem Addukt durch Zersetzen mit heißem Wasser gewonnen. Die sich auf dem Wasser abscheidende n-Paraffinschicht wird abgehoben oder abgetrennt. Für eine genaue Bestimmung des n-Paraffingehaltes ist es u. U. notwendig, wegen des oben schon erwähnten Einschleppeffektes eine ein- oder mehrmalige Nachaddition der beiden Anteile durchzuführen, so daß sich schließlich ein kompliziertes und aufwendiges Arbeitsschema ergibt. Für einige Produkte sollen anschließend verschiedene erprobte Arbeitsvorschriften als Beispiele angeführt werden.

2.1.1.1. Benzinsiedebereich

2500 m*l* einer entaromatisierten Benzinfraktion (Kp. 136–160°) werden mit 3000 g granuliertem Harnstoff (1–1,5 mm ⌀) unter Zusatz von ca. 4% Methanol 24 Std. intensiv durchgerührt. Dabei wird in 12 Std. von +20 °C auf −50 °C abgekühlt und noch 12 Std. bei −50 °C gerührt. Das gebildete Addukt wird abgesaugt, mit 1500 m*l* n-Pentan bei −50 °C gewaschen, trockengesaugt und das Addukt mit warmem Wasser zersetzt. Die Paraffinschicht und das Filtrat werden mit Wasser gewaschen und dann destilliert. Da der Harnstoff bei der Addition stark quillt, kann die gesamte Harnstoffmenge nicht auf einmal eingesetzt werden, da ohne Verdünnungsmittel gearbeitet wird. Es wird deshalb zuerst ca. $^2/_3$ des Harnstoffs eingesetzt, so daß das Gemisch noch rührfähig bleibt. Der dabei gewonnene nichtaddierbare Anteil wird dann mit dem Rest des Harnstoffs (ca. $^1/_3$) unter gleichen Bedingungen nachbehandelt. Insgesamt werden 68% nichtaddierbarer Anteil und 12% addierbarer Anteil erhalten. Der Verlust ist infolge des niedrigen Siedepunktes hoch (20%).

2.1.1.2. Petroleumdestillat (180–240 °C)

750 g eines entaromatisierten Destillats aus dem Petroleumsiedebereich (180–240 °C) werden mit 900 g Harnstoff und 200 m*l* Methanol in der unter 2.1.1.1. beschriebenen Weise umgesetzt. Auch hierbei wird die Harnstoffmenge geteilt, um das Gemisch rührfähig zu halten. Die Addition wird bei +50 °C durchgeführt und das Gemisch auf 0 °C abgekühlt. Unter diesen Bedingungen werden nach der Aufarbeitung 30,1% addierbarer und 67,2% nichtaddierbarer Anteil erhalten; Verlust 2,7%.

2.1.1.3. Dieselkraftstoffbereich

100 g eines Dieselkraftstoffes (Kp. 265–375 °C) werden mit 100 g Petroläther 50/60 °C und 100 g Harnstoff (< 0,1 mm ⌀) bei 20 °C zusammengerührt, wobei 4 m*l* Methanol als Aktivator zugesetzt werden. Nach Abkühlen auf 0 °C wird abgesaugt und mit 200 m*l* Petroläther 50/60 °C bei 0 °C gewaschen. Addukt und Filtrat werden wieder mit Wasser behandelt und aufgearbeitet. Auf diese Weise werden 24,7% addierbarer Anteil und 71,5% nichtaddierbarer Anteil erhalten; Verlust 3,8%.

2.1.1.4. Paraffingatsch aus Spindelöl

In eine Lösung von 130 g Harnstoff in 240 m*l* Methanol wird bei 60 °C eine Lösung von 25 g Spindelölgatsch in 130 m*l* Benzol eingetropft. Eine Stunde wird bei 60 °C gerührt, dann langsam auf 20 °C abgekühlt, abgesaugt und mit 40 m*l* Benzol gewaschen. Nach Zersetzen des Adduktes mit 500 m*l* Wasser resultieren 91,2% addierbarer Anteil; aus dem Filtrat werden nach Auswaschen mit Wasser und Abdestillieren des Lösungsmittels 8% nichtaddierbarer Anteil erhalten. Der Verlust beträgt 0,8%.

2.1.1.5. *Aromatenfreier Anteil eines Schmierölextraktes*

2000 g einer rein aliphatischen Chromatographiefraktion eines Schmierölextraktes werden in 10 *l* Petroläther 50/70 °C gelöst und bei 40 °C 3000 g Harnstoff mit 350 m*l* Methanol eingetragen. 2 Std. wird bei 40 °C gut durchgerührt und dann 24 Std. auf 0 °C abgekühlt. Nach der Aufarbeitung des Adduktes und des Filtrates (wie unter 4.) werden 26,5% addierbarer und 71,9% nichtaddierbarer Anteil erhalten. Der Verlust beträgt 2,5%.

2.1.1.6. *Paraffingatsch aus der Fischer-Tropsch-Synthese*

In eine heiße Lösung von 1300 g Harnstoff in 2400 m*l* Methanol werden 250 g Fischergatsch, in 1500 m*l* Benzol gelöst, bei 60 °C unter Rühren eingetropft. Nach dem Abkühlen des Gemisches auf 15 °C wird abgesaugt und mit 1000 m*l* Benzol kalt gewaschen. Die Aufarbeitung von Addukt und Filtrat erfolgt wie unter 2.1.1.4. beschrieben. Unter den gewählten Bedingungen werden 88,0% addierbarer und 10,4% nichtaddierbarer Anteil erhalten. Der Verlust beträgt 1,6%.

2.1.1.7. *Braunkohlenhartparaffin (nach Hessler und Meinhardt* [90])

Eine Lösung von 20 g Harnstoff in 200 m*l* Alkohol wird mit einer Lösung von 3 g Paraffin in 200 m*l* Tetrachlorkohlenstoff in der Hitze gemischt (klare Lösung!). Unter Umrühren ($^1/_2$ Std.) wird auf Zimmertemperatur abgekühlt und 2 Std. stehengelassen. Nach dem Absaugen wird das Addukt in Wasser bei 90 °C zersetzt und das addierte Paraffin nach dem Erstarren abgehoben. Ausbeute 96,4% addierbarer Anteil. Genauigkeit der Methode $\pm$ 3%.

2.1.2. Thioharnstoffaddukte

Auch der Thioharnstoff ist prinzipiell in der Lage, mit Kohlenwasserstoffen verschiedener Struktur Einschlußverbindungen zu geben [91]. Diese sind grundsätzlich in der gleichen Weise aufgebaut wie die Harnstoffaddukte. Das hexagonale Thioharnstoffgitter bildet ebenfalls Hohlräume (Kanäle), in denen Gastmolekeln eingebaut werden können. Im Unterschied zum Harnstoff haben diese Kanäle jedoch einen größeren Durchmesser, so daß n-Paraffine nicht mehr festgehalten werden können. Dagegen werden z. B. Trimethylpentan, Cyclopentan oder Dekalin zu stabilen Addukten eingelagert. Im allgemeinen gilt auch bei den Thioharnstoff-Addukten die Regel, daß mit zunehmender Moleküllänge die Zahl der zum Einschluß notwendigen Thioharnstoffmolekeln zunimmt (Schlenk [92]). Im Gegensatz zum Harnstoff, dessen Gitterhohlraum in seinen Begrenzungen verhältnismäßig homogen ist, gibt es beim Thioharnstoff durch eine etwas andere Anordnung der Molekeln Diskontinuitäten, die bei den Addukten mit bestimmten Gastmolekeln (z. B. ω,ω'-Dicylohexylalkane) ebenfalls zu Diskontinuitäten der Molverhältnisse Kohlenwasserstoff-Thioharnstoff führt. Die Cyclohexylreste suchen sich im Kanal Stellen größtmöglicher Anziehung zu den nach innen ragenden S-Atomen und sind dann dort fixiert, also nicht mehr frei verschiebbar.

Das bis heute vorliegende Material über die Anwendung der Thioharnstoff-Addukte ist trotzdem gering geblieben, da das Verhalten bestimmter Verbindungstypen gegenüber Thioharnstoff jeweils erst an reinen Verbindungen geprüft werden muß. Die Additionsfähigkeit ist ja lediglich vom Raumbedarf der Gastmolekel abhängig.

Eine Anwendung auf die Analytik von Erdölprodukten soll hier kurz angeführt werden. So berichtet LANDA [33] über die Isolierung des cyclischen Kohlenwasserstoffes Adamantan $C_{10}H_{16}$ aus dem Wasserdampfdestillat eines tschechischen Rohöles (HODONIN). Die Methode wurde sowohl zur Gewinnung größerer Mengen als auch zur analytischen Bestimmung des betreffenden Kohlenwasserstoffs in Rohölen ausgearbeitet. LANDA arbeitet wie folgt:

Von 2 kg Rohöl werden 8—10% mit Wasserdampf übergetrieben. Das übergetriebene Öl wird durch 1—2 g Silikagel filtriert und dann mit Thioharnstoff und Methanol versetzt (auf 170 g Filtrat 17 g Thioharnstoff und 22 m*l* Methanol) und die Mischung 2 Std. bei 18 °C gerührt. Das Addukt wird abgesaugt, mit etwas Pentan gewaschen und getrocknet. Die Zersetzung erfolgt durch Wasserdampfdestillation, wobei das Adamantan mit überdestilliert. Sind 100 m*l* Destillat übergegangen, wird das Öl vom Wasser getrennt und auf —50 bis —70 °C gekühlt, wobei das Adamantan auskristallisiert. Es wird aus Methanol umkristallisiert. Fp. in der zugeschmolzenen Kapillare 268—269 °C.

2.1.3. Clathrate

Während die Harnstoff- und Thioharnstoff-Addukte zum Typ der Kanal-Einschlußverbindungen gehören, bezeichnet man Clathrate als Käfig-Einschlußverbindungen, da sie die Wirtsmolekeln einzeln im Kristallgitter in Form eines Käfigs einschließen. Im vorliegenden Fall soll nur die Anlagerung von Aromaten an Metallkomplexe besprochen werden, da sie für die Trennung von Kohlenwasserstoffen eine gewisse Bedeutung erlangt hat.

2.1.3.1. Hofmann Komplexe

Schon 1897 fanden HOFMANN und KÜSPERT [93], daß Benzol in einer wäßrigen ammoniakalischen Nickelcyanid-Suspension eine kristallisierte Verbindung der Struktur

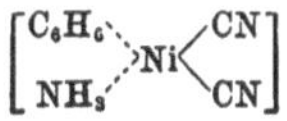

bildet, die sich zur Abtrennung des Benzols von aliphatischen oder cycloaliphatischen Kohlenwasserstoffen eignet. Thiophen, Furan, Pyrrol, Anilin oder Phenol dürfen im Rohbenzol nicht enthalten sein, da sie ebenfalls in den Komplex eingebaut werden. Das Gastmolekül wird im Gitter in einem von 8 Komplexmolekülen begrenzten Raum eingelagert und nach HEIN koordinativ an das Zentralatom gebunden. Nach GALPERN bilden auch wäßrige Lösungen von Cu(I)-, Co(II)- und Zn-Cyanid bzw. -Rhodanid mit Benzol oder Toluol Einschlußverbindungen des gleichen Typs. Nach dem holländischen Patent Nr. 81060 vom März 1956 wird der $Ni(CN)_2$-Komplex zur Abtrennung des Benzols aus Benzinschnitten oder Reformaten eingesetzt. Dazu wird das Kohlenwasserstoffgemisch mit einer wäßrig-ammoniakalischen Nickelcyanidsuspension bei 35° intensiv gerührt. Nach der Reaktion werden die nichtaddierten aliphatischen Kohlenwasserstoffe als obere Schicht abgezogen; die wäßrige Phase mit dem Komplex wird unter Druck (3,7 at) auf 100° erhitzt, wobei das Benzol mit wenig Wasser und NH_3 abdestilliert. Es wird kondensiert und durch Redestillation aufgearbeitet. Die Ausbeute liegt bei 70—75%, bei einer Reinheit von > 90%. Die regenerierte wäßrige Phase wird in den Prozeß zurückgeführt. Ob das Verfahren technisch genutzt wird, ist nicht bekannt.

2.1.3.2. Werner-Komplexe

Nach der WERNERschen Theorie werden in Komplexverbindungen neutrale Moleküle ohne besondere Valenzbindung rund um das Zentralatom in der sogenannten Koordinationssphäre gruppiert. Die Zahl der koordinierten Liganden kann daher nur solche Werte annehmen, die eine räumlich symmetrische Anordnung zulassen.

Von SCHAEFFER und Mitarbeitern wurde in den Jahren 1956—1958 über einen Komplextyp berichtet, der sich zur selektiven Trennung bestimmter Aromatenpaare eignet [94]. Es sind dies Komplexe des Typs [Me^{II}(Alkylpyridin)$_4$]X_2 mit den Metallen Mn, Ni, Zn, Co, Fe und Cu und den Anionen SCN^-, Cl^-, CNO^- u. a. Als Basen werden neben den 3- und 4-Alkylpyridinen auch Nicotinamid, Isonicotinamid und Isochinolin benutzt. Die gebräuchlichsten Komplexe sind das [Me^{II} (4-Methylpyridin)$_4$] $(SCN)_2$ und das [Me^{II} (4-Äthylpyridin)$_4$] $(SCN)_2$. Sie sind in der Lage, jeweils einen Partner der in der Tabelle zusammengestellten Stoffpaare selektiv einzulagern.

Tabelle 6 Durch Clathratbildung trennbare Verbindungen (aus F. P. 1168194)

Kohlenwasserstoffe	Sonstige Verbindungen
m-Xylol/p-Xylol	Anilin/Nitrobenzol
o-Äthyltoluol/p-Äthyltoluol	o-Toluidin/p-Toluidin
o-Äthyltoluol/m-Äthyltoluol	Cumarin/Vanillin
Cumol/Mesitylen	Furan/Thiophen
Cumol/Pseudocumol	p-Kresol-Na/m-Kresol-Na
Prehnitol/Durol	Picolinsäure/Nicotinsäure
1-Methylnaphthalin/2-Methylnaphthalin	Diazoaminobenzol/p-Aminoazobenzol
o-Cymol/p-Cymol	2.4-Lutidin/2.6-Lutidin
Cyclohexan/Benzol	p-Phenetidin/Phenacetin
Tetralin/Naphthalin	α-Picolin/β-Picolin
Anthracen/Phenanthren	Isoeugenol/Vanillin

In struktureller Hinsicht ähneln die [Me^{II}(4-Alkylpyridin)$_4$] $(SCN)_2$-Komplexe einigen in der Natur vorkommenden Metallverbindungen (z. B. Chlorophyll, Hämin u. ä.). Wie bei diesen sind die Zentralatome koordinativ ungesättigt und zeigen das Bestreben, weitere Liganden anzugliedern. In den Aromaten mit ihrer hohen Elektronendichte finden sie geeignete Donatoren. Man muß sich vorstellen, daß die π-Bindung der Aromaten in Richtung ihrer größten Ausdehnung senkrecht zur C=C-Bindung steht und mit dem parallel dazu liegenden Komplex eine Art σ-Bindung liefert, die jedoch diffus ist und nicht zwei konkrete Atome miteinander verbindet (Richtkräfte und Dispersionskräfte):

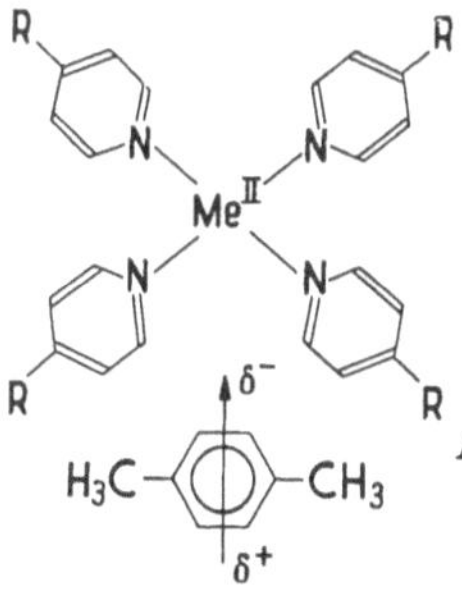

Abb. 21 Schematische Darstellung des π-Komplexes aus $[Me(Alkylpyridin)_4]_2(SCN)_2$ und p-Xylol

Die Möglichkeit einer solchen Trennung soll abschließend am Beispiel der Trennung von p- und m-Xylol beschrieben werden (nach GAWALEK [95]).

Herstellung des $Ni(4\text{-Methylpyridin})_4(SCN)_2$

216 g $NiCl_2 \cdot 6H_2O$ werden mit 178 g KSCN in Wasser umgesetzt. Zu der grünen Lösung des Nickelrhodanids gibt man unter Rühren 340 g 4-Methylpyridin. Es entsteht sofort ein blauer Niederschlag, der abgesaugt, an der Luft getrocknet und aus Chloroform oder Aceton umkristallisiert wird (nadel- oder prismenförmige Kristalle).

Trennung von p-/m-Xylol als Clathrat

1 Mol des Ni-Komplexes werden in einem Scheidetrichter mit Äthanol und wenig 4-Methylpyridin vermischt und nach Zugabe von 1 Mol der Xylolmischung

(p/m 1:1) kräftig geschüttelt. Nach dem Absaugen des Komplexes wird das Clathrat mit HCl zerstört, die Kohlenwasserstoffphase abgetrennt und analysiert. Das Verhältnis p-/m-Xylol in Komplex betrug bei 20 °C 1,46:1. Verwendet man den entsprechenden Co-Komplex, so beträgt dieses Verhältnis 3,38:1, beim Fe-Komplex sogar 4.46:1. Allerdings konnten pro Mol Komplex nur maximal 0,65 Mol Xylol eingelagert werden, was auf eine immer noch beträchtliche Löslichkeit der Komplexe im verwendeten Alkohol zurückzuführen ist.

Aus dem Gesagten wird deutlich, daß bei geeigneter Versuchsdurchführung mit Hilfe der Clathratbildung von $[Me^{II}(4\text{-Alkylpyridin})_4](SCN)_2$-Komplexen die selektive Anreicherung und Abtrennung bestimmter Erdölbestandteile möglich ist. Der technischen Durchführung dieser Methode stehen jedoch gewisse Schwierigkeiten entgegen. Eine Aussicht sollte jedoch ein kontinuierliches Verfahren bieten, bei dem der Komplex als festes Extraktionsmittel im Kreislauf geführt und das eingelagerte Xylol nach jedem Durchgang auf extraktivem Wege abgetrennt wird. Der Komplex ist nach bisherigen Untersuchungen mindestens fünfmal hintereinander ohne Selektivitätsverlust benützbar.

2.2. *Additionsverbindungen*

2.2.1. *Allgemeines*

Im Gegensatz zu den vorher besprochenen Einschlußverbindungen geben vorwiegend mehrkernige Aromaten sowie deren Polyalkylverbindungen mit aromatischen Polynitroderivaten stabile Molekülkomplexe, die zur Abtrennung, Reinigung und Identifizierung solcher Aromaten geeignet sind). Als Polynitroverbindungen sind Pikrinsäure, Trinitrobenzol, Trinitroresorcin (Styphninsäure), Trinitrotoluol oder 2.4.7-Trinitrofluorenon zu verwenden.

Die eleganteste Methode bei gleichzeitig fast quantitativer Ausbeute ist die chromatographische Zerlegung. Schickt man nämlich die benzolische Pikratlösung über eine Säule mit aktiviertem Silikagel oder Aluminiumoxyd, so läßt sich der Kohlenwasserstoff in reiner Form eluieren, während die Nitroverbindung am Kopf der Säule adsorbiert bleibt. Hat man ein Gemisch von KW-Stoffen, so tritt bei entsprechender Länge der Säule möglicherweise gleich noch eine Fraktionierung des Gemisches in der Säule ein.

2.2.4. Anwendungen

Die Bildung von Pikraten und ähnlichen Additionsverbindungen zur Abtrennung oder Identifizierung aromatischer Verbindungen aus Kohlenwasserstoffgemischen wird auch heute noch mit großem Erfolg benutzt. So berichtete CARRUTHERS in den Jahren 1954–1957 [97] über die erfolgreiche Isolierung von mehrkernigen Aromaten aus Extrakten verschiedener Rohöldestillate. Er isolierte z. B. Perylen aus dem SO_2-Extrakt eines USA-Rohöldestillates, eine Reihe Trimethylnaphthaline aus dem Furfurolextrakt eines Trinidadöls, Di-, Tri- und Tetramethylanthracene sowie Alkylphenanthrene, 1,2-Benzofluoren und 1-Methylpyren aus dem Acetonextrakt eines Kuweit-Öles. Auch zur Isolierung mehrkerniger aromatischer Schwefelverbindungen konnten Pikrate und Trinitrobenzolate erfolgreich eingesetzt werden. MÜLLER [98] konnte mit Hilfe der Pikrinsäureaddukte das Vorhandensein polycyclischer Kohlenwasserstoffe in Folgeprodukten der Braunkohlenteerdestillation nachweisen, wobei nach der Dehydrierung mit Schwefel Chrysen, Pyren und Phenanthren identifiziert wurden. Schließlich soll noch erwähnt werden, daß auch TERRES und Mitarbeiter [99] über die Zerlegung aromatischer Extrakte berichteten, wobei durch Pikrinsäure-Komplexbildung Naphthaline, Anthracene und Phenanthrene angereichert und abgetrennt wurden.

Eine interessante Anwendung der Pikrinsäureaddukte beschreibt BALINT [100]. Er versuchte, auf einem mit Pikrinsäure imprägnierten Alumosilikatadsorbens eine chromatographische Trennung von mono-, bi- und tricyclischen Aromaten durchzuführen. Trotz aller der Methode noch anhaftenden Mängel ist die Grundidee jedoch sehr interessant und gibt der Aromatentrennung neuen Auftrieb.

2.3. Dehydrierung

2.3.1. Allgemeines

Seit der ersten systematischen Anwendung der Dehydrierung als Hilfsmittel zur Konstitutionsaufklärung durch RUZICKA [101] im Jahre 1921 hat sich diese Methode als von unschätzbarem Wert erwiesen. Die ursprünglich vor allem auf dem Terpengebiet erzielten Erfolge waren Anlaß zu einer weitgehenden Verwendung dieser Methode auch auf anderen Gebieten, z. B. bei der Analyse von Erdölkohlenwasserstoffen. Neben der rein analytischen Anwendung ist besonders in der petrolchemischen Technik die Dehydrierung als Prozeß zur Erzeugung von Aromaten Olefinen, hochklopffesten Kraftstoffen u. ä. ein wichtiger Bestandteil geworden, jedoch soll uns hier nur die erstere Anwendung beschäftigen.

Als analytische Methode dient die Dehydrierung stets dazu, hydroaromatische Systeme in aromatische zu überführen. Als Endprodukte der Dehydrierung werden also praktisch nur die aromatischen Verbindungen in Betracht kommen, die sich ihrerseits durch geeignete Methoden identifizieren lassen (vgl. vorstehendes Kapitel). Mit den gebräuchlichen Dehydrierungsmethoden lassen sich einzelne 5- und 7-Ringe meistens nicht hydrieren, ebensowenig können Doppelbindungen in aliphatische Ketten eingeführt werden.

2.3.2. Methoden

Als erste allgemeine Methode wurde die katalytische Dehydrierung in der Dampfphase von SABATIER [102] benutzt, der vorwiegend Ni-Katalysatoren verwendete. Da die Ni-Katalysatoren hohe Dehydrierungstemperaturen erfordern, was leicht zu Nebenreaktionen und Zersetzung führt, wurden von ZELINSKI [103] an ihrer Stelle die Platinmetalle eingeführt, von denen besonders Platin und Palladium größere Bedeutung erlangt haben.

Die Herstellung der Katalysatoren hat wesentlichen Einfluß auf ihre Aktivität bzw. Wirkungsweise. Nach LINSTEAD steigt die Aktivität beim Übergang von Asbest zu Aktivkohle als Träger. Palladium neigt etwas mehr zu Nebenreaktionen, ist aber sonst dem Platin gleichwertig.

Für die Praxis der Konstitutionsermittlung wird man meist in flüssiger Phase arbeiten. Dehydrierungstemperatur und Dauer schwanken in weiten Grenzen. Bei Temperaturen über 350° ist jedoch mit Sekundärreaktionen zu rechnen.

Die systematische Verwendung des Schwefels als Dehydrierungsmittel geht auf RUZICKA (1920) zurück, obwohl schon früher (1903) VESTERBERG [104] Schwefel zur Dehydrierung von Kolophonium bzw. Abietinsäure benutzt hat. Man arbeitet meist mit der genau berechneten Menge Schwefel, da ein Überschuß das Eintreten von Nebenreaktionen begünstigt. Die Entwicklung von H_2S beginnt schon bei 150—180 °C und ist in wenigen Stunden beendet. Gegen Ende kann die Temperatur gesteigert werden, jedoch ist längeres Erhitzen bei Gegenwart von unverbrauchtem Schwefel zu vermeiden. Die Aufarbeitung erfolgt zweckmäßig durch ein- oder mehrfache Vakuumdestillation, wobei teilweise über Na redestilliert wird, um Schwefelreste zu entfernen. Das kann aber andererseits auch zu Zerstörungen der gebildeten Aromaten führen und ist deshalb möglichst zu vermeiden.

Von DIELS wurde 1936 erstmals Selen zur Dehydrierung eingeführt [105] und hat sich infolge einiger Vorteile gegenüber Schwefel trotz der notwendigen höheren Reaktionstemperaturen rasch durchgesetzt. Man arbeitet mit der berechneten Menge, doch scheint auch ein Überschuß nicht nachteilig zu wirken. Die H_2Se-Entwicklung beginnt erst bei 250—280 °C, die Temperaturen können ohne Gefahr bis etwa 350 °C gestegert werden. Darüber ist dann auch mit vielerlei Umlagerungen zu rechnen. Die Selendehydrierungen benötigen meistens längere Zeit als die Schwefeldehydrierungen, jedoch soll man auch hier unnötiges Erhitzen vermeiden. Ein wesentlicher Vorteil des Selens ist seine weit geringere Neigung, sich in organische Moleküle einzubauen, die beim Schwefel teilweise sehr ausgeprägt ist. Für leichtflüchtige Substanzen kann die Dehydrierung auch im Einschlußrohr vorgenommen werden.

Die Aufarbeitung der Reaktionsprodukte erfolgt bei Selen in einfacher Weise durch Extraktion mit Äther oder Benzol und Vakuumdestillation der Extraktrückstände.

Neben diesen drei klassischen Verfahren gibt es noch eine Vielzahl anderer Methoden, die hier noch kurz angeführt werden sollen. Schon Aktivkohle selbst kann u. U. dehydrierend wirken, ebenso wie Luftsauerstoff. Selendioxyd oder konz. Schwefelsäure. Weiter sei an die bekannte Methode der erschöpfenden Bromierung (v. BAYER) und an die Dehydrierung mit Braunstein und Schwefelsäure (RUZICKA) erinnert. In neuerer Zeit ist — vor allem auf dem Gebiet der Azulenchemie — Chloranil als mildes Oxydationsmittel bekanntgeworden [106].

2.3.3. Anwendungen

Die von ZELINSKI ausgearbeitete Methode der Dehydrierung an Edelmetallkatalysatoren wurde von SERGIJENKO und seinen Mitarbeitern zu grundlegenden Arbeiten über die Dehydrierung hochmolekularer Erdölkohlenwasserstoffe benutzt. So wird 1958 über die Methode berichtet [107], wobei gleichzeitig die Ergebnisse der Dehydrierungen einer großen Anzahl von cycloaliphatischen Testverbindungen (C_{20}–C_{32}) diskutiert werden. Die Verfasser verwenden Pt auf Aktivkohle und aktivieren den Katalysator zuerst im Wasserstoffstrom bei 320 °C. Die Dehydrierung beginnt bereits bei Temperaturen von 280 °C (Wasserstoffentbindung), ist aber bei 315—320 °C optimal. Die Wasserstoffabspaltung ist anfänglich je nach Verbindung unterschiedlich. Es wurde gefunden, daß kondensierte bicyclische Naphthene sich etwas schlechter dehydrieren lassen als monocyclische. Aus Paraffinen bilden sich ca. 1,8% aromatische Kohlenwasserstoffe durch Dehydrocyclisierungsreaktionen. 5-Ringsysteme bilden zu geringen Anteilen (ca. 5%) Aromaten auf Grund von Ringerweiterung und anschließender Dehydrierung. Diese Erkenntnisse wurden von SERGIJENKO dann in mehreren Arbeiten auf die Analyse der gesättigten hochmolekularen Anteile sowjetischer Rohöle angewandt, wobei vorwiegend Romaschkino-Rohöl untersucht wurde. Die Kombination der Dehydrierungsversuche mit anderen Methoden (Harnstoff- und Thioharnstoffaddition, Chromatographie, Oxydation der erhaltenen Aromaten u. a.) ergab Hinweise auf die Natur und Struktur der im Öl ursprünglich enthaltenen gesättigten Kohlenwasserstoffe. Danach sind überwiegend Cyclohexane und hydrierte Naphthaline enthalten; bei den Cyclohexanen überwiegt die Substitution in 1.3.5- und 1.2.4-Stellung (Verhältnis 14 : 8). Ein derartig tiefes Eindringen in die Natur dieser komplexen Kohlenwasserstoffgemische ist bisher nicht möglich gewesen.

Als Beispiel für die Möglichkeit der S-Dehydrierung soll nochmals die schon erwähnte Arbeit von MÜLLER zitiert werden [98]. Ihm gelang durch Schwefeldehydrierung von Fraktionen eines chromatographischen Aromatenextraktes aus der Braunkohlenteerverarbeitung die Gewinnung kondensierter Aromatengrundkörper (Chrysen, Pyren, Phenanthren), die dann durch die schon beschriebene Komplexbildung mit Pikrinsäure identifiziert wurden. Die zur Dehydrierung eingesetzten Fraktionen enthielten das Grundgerüst der Aromaten bereits vorgebildet. Ähnliche Versuche mit öligen Fraktionen hohen S-Gehaltes aus einem sowjetischen Schmierölextrakt hatten jedoch keinen Erfolg. Hier wurde offensichtlich der Schwefel mit in das Ölmolekül eingebaut; es resultieren schwarze ölige Produkte mit S-Gehalten bis zu 15%.

2.4. Hydrierung

Genau wie die Dehydrierung hat auch die Hydrierung bei der analytischen Untersuchung von Erdölbestandteilen große Bedeutung gewonnen. Über die technische Bedeutung der Hydrierverfahren soll hier nicht weiter gesprochen werden, da sie seit langem durchgeführt werden und gerade für die Verarbeitung der hochschwefelhaltigen sowjetischen Rohöle steigende Bedeutung erlangt haben.

Daß die Anfänge der Strukturgruppenanalysenmethoden sich auf die Bestimmung des Wasserstoffgehaltes der Erdölfraktionen vor und nach der Hydrierung gestützt haben, wurde schon im ersten Teil des Buches (Kapitel 7) dargelegt. In jedem Falle ist für analytische Zwecke ein Hydrierverfahren notwendig, das die Struktur der aromatischen Verbindungen unverändert läßt.

Für schwefelfreie Aromaten wird dazu seit langem die Hydrierung bei Normaldruck oder leichtem Überdruck und feinverteilten Platinmetallen oder Nickel benutzt (Sabatier 1901). Durch Schwefel werden solche Katalysatoren infolge Bildung der Sulfide vergiftet und für Hydrierungen bei Normaldruck unbrauchbar. Die Platinmetalle werden meist in Form feinverteilter Niederschläge (Platinschwarz, Palladiummohr) oder auf Trägersubstanzen (Al_2O_3, Kieselgur, Aktivkohle) verwendet. Eine besonders feinverteilte Form des Nickels ist der seit langem bekannte Raney-Katalysator [108], der aus einer

Nickel-Al-Legierung durch Herauslösen des Al erhalten wird. Eine ausführliche Darstellung der Eigenschaften von Raney-Katalysatoren (auch Cu, Co und Fe geben solche Katalysatoren) findet sich von SCHRÖTER in [109]. Die RANEY-Metalle werden jedoch hauptsächlich unter H_2-Überdruck zur Hydrierung eingesetzt (Autoklav).

Da RANEY-Ni aus S-Verbindungen den Schwefel entfernt, kann es auch zur reduktiven Entschwefelung eingesetzt werden. Eine solche Untersuchung hat SERGIJENKO [110] an den tricyclischen Aromaten aus Romaschkino-Erdöl durchgeführt. Der Entschwefelungsgrad ist fast quantitativ (92%); die Entschwefelung wird von einer Decyclisierung begleitet, woraus sich das Vorliegen von Thiophenringsystemen ableiten läßt.

Für die direkte Hydrierung schwefelhaltiger Aromaten, die mit einer Entschwefelung parallel läuft, eignen sich die auch in der Industrie mit Erfolg eingeführten schwefelfesten Katalysatoren aus Wolframsulfid oder Molybdänsulfid, evtl. im Gemisch mit Nickelsulfid. Sie werden meist auf Kieselgur als Träger aufgebracht und zeigen bei 180—275 atü und Temperaturen um 300 °C ausgezeichnete Ergebnisse. Zuerst wird der Schwefel als H_2S abgespalten, anschließend werden monocyclische Aromaten zu Cyclohexanen, bicyclische Aromaten zu monocyclischen bzw. zu dicyclischen Naphthenen hydriert. Eine Zersetzung von Kohlenwasserstoffen findet bei dieser Temperatur nicht statt. Nach Arbeiten anderer Autoren beginnt diese erst bei 350 °C merkbar zu werden (BERTHOLD). Die Hydrierung mit MoS_2–NiS-Katalysatoren kann auch kontinuierlich durchgeführt werden. So konnte FINKE [16] bei der Hydrierung eines Schmierölextraktes aus Tuimasa-Rohöl ganz analoge Ergebnisse erhalten.

Neben diesen Hydrierverfahren sind noch eine Reihe spezieller Katalysatoren beschrieben worden, die selektiv wirken und nur bestimmte partielle Hydrierungen ermöglichen. So fand FRIEDMAN [111], daß Cobaltoctacarbonyl [$Co_2(CO)_8$] in Gegenwart von $H_2 + CO$ (1 : 1) ein selektiver Katalysator ist, der Naphthaline langsam zu

Tetralinen, Anthracene zu 9.10-Dihydroanthracenen und Phenanthrene zu 9.10-Dihydrophenanthrenen hydriert. Die Temperaturen liegen zwischen 135—200 °C, die Drücke zwischen 210—280 atm.

In den Jahren 1958—1961 entwickelte Boer [112] ein selektives Reduktionsverfahren, das sowohl für reine Aromaten als auch für Schwefelverbindungen geeignet ist. Sie setzen die KW-Lösung bei 0 °C mit einer ätherischen Lösung von Calciumhexammin ($Ca(NH_3)_6$) um, die sie durch Einleiten von trockenem NH_3 in eine ätherische Ca-Suspension gewinnen. Dabei werden polycyclische Kohlenwasserstoffe partiell reduziert; ein Ring bleibt stets aromatisch! Die erhaltenen Monoaromaten können dann nach anderen Methoden identifiziert werden. Schwefelverbindungen vom Thiophentyp ergeben bei dieser selektiven Reduktion Thiophenole, die mit Raney-Nickel entschwefelt werden. Die resultierenden Alkylbenzole werden durch Ozonolyse identifiziert. Gesättigte Schwefelverbindungen (cyclische Sulfide) reagieren nicht mit $Ca(NH_3)_6$.

2.5. Oxydation der Seitenketten

Das Streben nach einem immer tieferen Einblick in die komplizierte Zusamensetzung besonders der höhermolekularen Erdölbestandteile führte in den letzten Jahren auch zur Anwendung oxydativer Methoden in der Ölanalyse. Nur im weitaus geringsten Teil aller Untersuchungen gelang durch Chromatographie, Dehydrierung und die Anwendung verschiedener Reaktionen (Pikratbildung, Maleinsäureanhydrid-Addukte u. a.) die Isolierung und eindeutige Identifizierung einfacher Alkylderivate von mehrkernigen Aromaten.

Um wenigstens durch Bestimmung der Stellung der Seitenketten am aromatischen Ring (vorwiegend am Benzolring) einen Schritt in der Erkenntnis der wahren Struktur voranzukommen, wurden von verschiedenen

Seiten Oxydationsversuche durchgeführt, die entstehenden aromatischen Carbonsäuren werden dann aufgearbeitet und identifiziert.

So berichten MICHEEL und BERNSMANN [113] über die Oxydation vielkerniger Aromaten aus Steinkohle mittels konzentrierter Salpetersäure bei 160 °C. Die erhaltenen Polycarbonsäuren wurden als Cu-Salze decarboxyliert und die enstandenen Aromaten (Grundkörper) identifiziert.

1958 berichtete JURECEK [114] über die Anwendung der *Chromsäureoxydation* auf die Seitenkettenanalyse. Sie oxydieren unter milden Bedingungen (16 Std. bei ca. 100 °C mit CrO_3 in verd. H_2SO_4, 90 Min. im Einschlußrohr bei 120 °C); die gebildeten Fettsäuren werden mit Wasserdampf abgetrieben und papierchromatographisch identifiziert. Als Nachteil dieser Methode erscheint die Tatsache, daß längere Alkylgruppen als C_6 dabei nicht beständig sind, da die Reaktionsgeschwindigkeit des Kettenabbaus dann größer wird als die der Kettenabspaltung vom Kern. Alkylaromaten ergeben alle Säuren bis $C_{Alkyl} - 1$, daneben Benzoesäure. Die Spaltung findet also zwischen dem 1. und 2. Kohlenstoffatom der Seitenkette statt. Bei Cycloaliphaten tritt Ringspaltung ein, die Fettsäuren haben dann maximal $C_{Alkyl} + 1$. BRANDENBERGER [115] stellte fest, daß durch schärfere Oxydation von Alkylaromaten (5 n Chromsäure, konz. H_2SO_4, 130 °C im Bombenrohr, 3 Std.) der Ring gespalten wird und wechselnde Mengen Essigsäure gebildet werden.

Eine wesentlich schonendere Methode ist auf jeden Fall die Oxydation der Seitenketten mit Kaliumpermanganat. Hier werden zwar die Seitenketten ebenfalls abgebaut, so daß über ihre Länge nichts ausgesagt werden kann. Jedoch wird das letzte C-Atom der Kette am Ring in eine Carboxylgruppe umgewandelt; die so erhaltenen Polycarbonsäuren können dann einwandfrei identifiziert werden und geben so ein Bild über die Stellung der Seitenketten am aromatischen Ring. Die Aufarbeitung des Säuregemisches erfolgt durch selektive Extraktion der einzelnen Carbonsäuren mit verschiedenen Lösungsmitteln und Rekristallisation. SERGIJENKO [116] konnte mit dieser Methode den Substitutionsgrad monocyclischer Aromaten aus Romaschkino-Rohöl sicherstellen. Er fand überwiegend Monoalkylaromaten und 1,3,5-Trialkylaromaten. Zweifach substituierte Verbindungen wurden nicht gefunden.

Bei entsprechender Vervollkommnung der Oxydations- und Analysenmethodik dürfte diese $KMnO_4$-Oxydation eine eindeutige Bestimmung des Substitutionsgrades monocyclischer Aromaten darstellen. Die Erweiterung auf bicyclische Aromaten sollte möglich sein.

2.6. Ozonisierung

Als letzte chemische Methode, die bei der Konstitutionsaufklärung von Mineralölprodukten in neuerer Zeit verwendet wird, soll hier die Ozonisierung erwähnt werden. Auf dem IV. Welterdölkongreß in Rom berichtete BOER [117] erstmals über die Verwendung dieser Methode zur Konstitutionsaufklärung von Ölen. Hierbei wird durch Addition von O_3 an die aromatische Doppelbindung, katalytische Hydrogenolyse der entstehenden Ozonide und oxydative Spaltung der Diketone mit H_2O_2 zu Fettsäuren die Länge der Seitenketten bestimmt. Die Alkylgruppen der entstehenden Fettsäuren sind gleich denen der Alkylbenzole. Die Fettsäuremischung wird gaschromatographisch getrennt und bestimmt. Versuche mit Modellsubstanzen ergaben Ausbeuten an Fettsäuren von ca. 70%. In Erdölfraktionen, Reformaten u. ä. Produkten wurden 70–80% Methyl-, 10–20% Äthyl- und maximal 10% Propyl- und Butylgruppen gefunden [117]. In straight-run Gasölfraktionen vorkommendes Benzothiophen ist nach den Ergebnissen der Ozonolyse sehr häufig in 2-Stellung substituiert.

Die Ergebnisse der Ozonolyse in Verbindung mit der Seitenkettenoxydation sollte bei Monoaromaten (Benzolabkömmlingen) eindeutige Schlußfolgerungen über Länge und Stellung von Seitenketten ermöglichen. Der Beweis für diese Annahme muß weiteren Arbeiten vorbehalten bleiben.

Die Ozonolyse polycyclischer Kohlenwasserstoffe führt in allen Fällen zu komplizierteren Abbauprodukten (Carbonsäure, Ketone, Chinone u. ä.), die ihrerseits wieder durch chemische Reaktionen nachgewiesen werden müssen (COPELAND, DEAN, MCNEIL [118]). Die Reaktionen dieser polycyclischen Kohlenwasserstoffe verlaufen jedoch nicht so einfach wie bei den Benzolhomologen, so daß hier noch weiteres Material gesammelt werden muß.

Literaturverzeichnis

[1] C. ZERBE, „Mineralöle und verwandte Produkte", Springer-Verlag, 1952

[2] S. A. GREENE, H. P. PUST, Analyt. Chem. **29** (1957), 1055

[3] A. PHILIPPOVICH, „Grundlagen der Verwendung von Erdöl", Springer-Verlag, Wien, 1960
A. PHILIPPOVICH, Zeitschr. d. VDJ **86** (1942), 408.

[4] H. UMSTÄTTER, Erdöl u. Kohle **5**, (1952) 105

[5] E. W. DEAN, G. H. DAVIS, Chem. Metallurg. Engng. **36** (1929), 618

[6] DIN-Taschenbuch 20, „Mineralöl- und Brennstoffnormen", Beuth-Vertrieb, Berlin, 1956

[7] L. IVANOWSKY, „Ozokerit und verwandte Stoffe", Wien—Leipzig, 1935

[8] TH. HAMMERICH, Öl und Kohle **37** (1941), 148

[9] H. GROSS, K. H. GRODDE, Öl und Kohle **38**, (1942), 419; Erdöl u. Kohle **3**, (1950), 61

[10] E. TERRES, K. FISCHER, E. SASSE, Brennst.-Chem. **31**, (1950), 193

[11] K. VAN NES, H. A. VAN WESTEN, „Aspects of the Constitution of Mineral Oils", Amsterdam—New York, 1951.

[12] J. C. VLUGTER, H. C. WATERMAN, H. A. VAN WESTEN, I. Inst. Petrol. Technologists **18**, (1932), 735; **21** (1935), 661

[13] J. J. LEENDERTSE, H. J. TADEMA, J. SMITT, Chem. Engng. News (**1950**), 1192; Meeting Am. Chem. Soc., Houston, Tex., 23. 3. 1950.

[14] H. J. WATERMAN, C. BOELHOUWER, J. CORNELISSEN, Analyt. Chim. Acta **18** (1958), 395

[15] C. C. MARTIN, H. SANKIN, Analyt. Chem. **25** (1953), 206

[16] M. FINKE, Dissertation, Leipzig, 1962

[17] H. GEELEN, H. J. WATERMAN, J. B. WESTERDIJK. Riv. Combust. **10** (1956), 1

[18] D. W. VAN KREVELEN, Brennst. Chem. **33**, (1952), 260

[19] D. S. MONTGOMERY, M. L. BOYD, Analyt. Chem. **31** (1959), 1290

[20] H. Hrapia, Freiberger Forschungsh. **A 221** (1962), 7
[21] E. Terres, Brennst.-Chem. **39** (1958), 97
[22] W. L. McCabe, E. W. Thiele, Ind. Engng. Chem., ind. Ed., **17** (1925), 605
[23] E. Kirschbaum, Chemie-Ing.-Techn. **21** (1949), 293
[24] C.-H. Schuhler, Dissertation, Leipzig, 1960.
[25] F. D. Rossini, B. J. Mair, A. J. Streiff, „Hydrocarbons from Petroleum", Reinhold Publ. Corp., New York, 1953
[26] E. Kereni, Chem. u. Technol. der Brennst. u. Öle (russ.), **5** (1960), 53
[27] W. Leipnitz, Dissertation, Leipzig, 1962.
[28] W. Lauk, Privatmitteilung
[29] H. Hrapia, Privatmitteilung
[30] M. Lecat, „Tables azéotropiques", Brüssel, 1949
[31] B. J. Mair, Analyt. Chem. **28** (1956), 52
[32] H. Röck, „Destillation im Laboratorium", Steinkopf-Verlag, Darmstadt, 1960
[33] S. Landa, S. Hála, Erdöl und Kohle, **11** (1958), 698
[34] L. Zechmeister, L. V. Cholnocki, „Die chromatographische Adsorptionsanalyse", Springer-Verlag, 1938
G. Hesse, „Adsorptionsmethoden im chemischen Laboratorium", Verlag de Gruyter, Berlin, 1943
F. Turba, „Chromatographische Methoden in der Protein-Chemie", Springer-Verlag, 1954
E. Lederer, M. Lederer, „Chromatography", Elsevier Publ. Corp. Amsterdam, 1957
E. Blasius, „Chromatographie und Ionenaustausch", F. Enke-Verlag, Stuttgart, 1958
J. M. Hais, K. Mocek, „Handbuch der Papierchromatographie", Fischer-Verlag, Jena, 1958
[35] H. Weil, Chemiker-Ztg. **78** (1954), 419, 496; Nature [London] **166**, (1950) 1000; desgl. **167** (1951), 906
[36] E. Glueckauf, Proc. Roy. Soc. **A 186** (1946), 35; J. chem. Soc. (1947), 1302, 1308, 1315, 1321; desgl. (1949), 3280
G. G. Baylé, A. Klinkenberg, Recneil **73** (1954), 1037; desgl. **76** (1957), 593, 607
[37) E. Stahl, Pharmazie **11** (1956), 633; Chem.-Ztg. **82** (1958), 323; Parfümerie u. Kosmetik 9/1958; Arch. Pharm. **292/64** (1959), 411
[38] K. Randerath, „Dünnschichtchromatographie", Verlag Chemie, Weinheim, 1962

E. Stahl, „Dünnschichtchromatographie", Springer-Verlag, 1962
[39] R. P. W. Scott, J. D. Cheshire, Nature **180** (1957), 702
[40] M. J. E. Golay in: „Gas Chromatography", Academic Press Inc. New York, 1958.
[41] D. H. Desty, A. Goldup in: „Gas Chromatography", Herausgeber R. P. W. Scott, Butterworths Sci. Publ., London, 1960;
R. P. W. Scott, G. S. F. Hazeldean, ebenda;
D. H. Desty, A. Goldup, B. H. F. Whymann, Journ. Inst. Petrol. **45** (1959), 287
[42] R. Kaiser, „Gas-Chromatographie", Akad. Verlagsgesellschaft, Berlin, 1959;
R. Kaiser, „Chromatographie in der Gasphase", Hochschultaschenbücher, Bibliograph. Inst., Mannheim, 1960
[43] E. Bayer, „Gaschromatographie", Springer-Verlag, Berlin, 1959
[44] A. A. Shuchowizkij, N. M. Turkeltaub, Berichte der Akad. der Wiss. der UdSSR (russ.) **116** (1957), 986
[45] H. G. Struppe, Dissertation, Leipzig, 1962
[46] S. A. Greene, H. Pust, Analyt. Chem. **29** (1957), 1055
[47] F. T. Eggertsen, H. S. Knight, S. Groennings, Analyt. Chem. **28** (1956), 303
[48] J. Halász, E. E. Wegner, Brennst.-Chem. **42** (1961), 261.
[49] A. J. Martin, C. E. Bennet, F. W. Martinez, in: „Gas Chromatography", Academic Press Inc., New York, 1961
[50] M. C. Simmons, D. B. Richardson, J. Dooretzky in „Gas Chromatography", herausgegeben R. P. W. Scott, Butterworths Sci. Publ., London, 1960
[51] M. Hofmann, Dissertation, Leipzig, 1962
[52] R. A. Baxter, R. T. Keen, Analyt. Chem. **31** (1959), 475
[53] G. Heinze, W. Leipnitz, Freiberger Forsch.-Hefte, **A 264** (1963), 153
[54] R. Fleischman, H. Jensen, Ergebn. der exakt. Naturwiss. **20** (1942), 121;
K. E. Grew, T. L. Ibbs, „Thermal Diffusion in Gases", Cambridge Univ. Press, 1952
[55] E. L. Dougherty, H. G. Drickamer, Journ. chem. Phys. **23** (1955), 295, desgl. **23** (1955), 443;
K. F. Alexander, „Isotopentrennung durch Thermodiffusion in flüssiger Phase", Habilitation, TH Dresden, 1959

[56] CH. R. BEGEMAN, P. R. CRAMER, Ind. Engng. Chem. **47** (1955), 202

[57] L. J. SULLIVAN, T. C. RUPPEL, CH. B. WILLINGHAM, Ind. Engng. Chem. **47** (1955), 208

[58] A. L. JONES, Ind. Engng. Chem. **47** (1955), 212

[59] A. L. JONES, ASTM Spec. Techn. Publ. **224** (1958), 83

[60] F. W. MELPOLDER, R. W. SAUER, T. A. WASHALL, ASTM Spec. Techn. Publ. **224** (1958), 94

[61] R. A. GARDNER, H. F. HARDMAN, A. L. JONES, R. N. WILLIAMS, Journ. Chem. Engng. Data **4** (1959), 144

[62] H. A. STAAB, „Einführung in die theoretische organische Chemie", Verlag Chemie, Weinheim, 1959;
W. BRÜGEL, „Einführung in die UR-Spektroskopie", Steinkopf-Verlag, Darmstadt, 1957;
L. J. BELLAMY, „IR-Spektrum und Konstitution", Steinkopf-Verlag, Darmstadt, 1955;
G. H. BEAVEN, E. A. JOHNSON, H. A. WILLS, R. G. J. MILLER „Molecular Spectroskopy", Heywood u. Co. Ltd., London, 1961

[63] G. GEPPERT, „Experimentelle Methoden der Molekül-Spektroskopie", Akademie-Verlag, Berlin, 1963
G. BORSDORF, M. SCHOLZ, „Spektroskopische Methoden in der organischen Chemie", Akademie-Verlag, Berlin, 1964

[64] W. WEST, „Chemical Applications of Spectroscopy", (Technique of Organic Chemistry, Vol. IX), Interscience, New York — London, 1956

[65] M. KUNZ, Dissertation, Leipzig, 1962

[66] J. P. EGOROW u. a., Journ. analyt. Chem. (russ.) **11** (1956), 483; Berichte Akad. Wiss. UdSSR (russ.) **136** (1961), 342; Chem. Technol. Brennst. Öle (russ.) **4** (1959), 59

[67] H. LUTHER, H. H. OELERT, Zeitschr. analyt. Chem. **183** (1961), 161; Angew. Chem. **69** (1957), 262

[68] R. H. HUGHES, R. J. MARTIN, ASTM Spec. Techn. Publ. **224** (1958), 127

[69] G. BRANDES, Brennst. Chem. **37** (1956), 263; Erdöl u. Kohle **11** (1958), 700, 781

[70] H. ECKHARDT, G. KEIL, K.-H. RENTROP, Chem. Techn. **14** (1962), 305

[71] M. M. SUSHINSKII, Spectrochim. Acta **14**, (1959), 271

[72] G. S. LANDSBERG, B. A. KOSANSKI, Nachr. Akad. Wiss. UdSSR, Abt. Chem. Wiss. (russ.), (1951) Nr. 1, S. 100

[73] E. M. PURCELL u. a., Physic, Rev. **69** (1946), 37;
F. BLOCH u. a., Physic. Rev. **69** (1946), 127
[74] H. EWALD, H. HINTENBERGER, „Methoden und Anwendungen der Massenspektroskopie", Verlag Chemie, Weinsheim, 1953
[75] „Catalog of Mass Spectral Data", Americ. Petrol. Inst., Res. Proj. **44**, Nat. Bur. Stand
[76] H. W. WASHBURN in: „Physical Methods in Chemikal Analysis, Herausgeber W. G. BERL, Vol. I, S. 587, Academic Press, New York, 1950
[77] G. FRANKE, Erdöl u. Kohle **13** (1960), 263, **13** (1960), 850, **14** (1961), 816
[78] H. E. LUMPKIN, B. W. THOMAS, Analyt. Chem. **23** (1951), 1738
[79] R. J. GORDON, R. J. MOORE, C. E. MUELLER, Analyt. Chem. **30** (1958), 1221
[80] M. J. O'NEAL, T. P. WIER, Analyt. Chem. **23** (1951), 830
[81] E. G. CARLSON, M. J. O'NEAL, ASTM Spec. Techn. Publ. 224 (1958), 151
[82] M. E. FITZGERALD, V. A. CIRILLO, F. J. GALBRAIGHT, Analyt. Chem. **34** (1962), 7276
[83] D. HENNEBERG, Zeitschr. analyt. Chem. **183** (1961), 12
[84] S. GIPP, Dissertation, Leipzig, 1961
[85] B. J. MAIR, S. T. SCHICKTANZ, Ind. Engng. Chem. **28** (1936), 1446;
B. J. MAIR, C. B. WILLINGHAM, J. Res. Natl. Bur. Stand **21** (1938), 535
[86] M. F. BENGEN, Angew. Chem. **63** (1951), 207
[87] W. SCHLENCK jr., Liebigs Ann. Chem. **565** (1949), 204; Angew. Chem. **62** (1950), 299
[88] R. SCHIESSER, D. NEISWENDER, J. org. Chem. **22** (1957), 697.
[89] E. TERRES, S. N. SUR, Brennst.-Chem. **38** (1957), 330
[90] W. HESSLER, G. MEINHARDT, Fette u. Seifen **55** (1953), 441
[91] B. ANGLA, Compt. rend. Nebd. Seances Acad. Sci. **224** (1947), 402
[92] W. SCHLENCK jr., Liebigs Ann. Chem. **573** (1951), 142
[93] K. A. HOFMANN, F. KÜSPERT, Zeitschr. anorg. Chem. **15** (1897), 206
94] W. D. SCHAEFFER u. a., J. Am. Chem. Soc. **79** (1957), 5870; U. S. Patente 2798102/103/891, 2926206
[95] G. GAWALEK, Dissertation, Leipzig, 1962; Chem. Techn. **15** (1963), 609

[96] „Organic Reagents for Organic Analysis", 2. Auflage, Hopkins u. Williams Ltd., Essex 1950
[97] W. CARRUTHERS u. a. J. Chem. Soc. (1954), 2047; (1955), 1847; (1956), 603; (1957), 278; (1959), 2812; Nature [London], **176** (1955), 790
[98] E. LEIPNITZ, W. HAGER, K. MÜLLER, Journ. prakt. Chem. [4] **7** (1958), 148
[99] E. TERRES, K. ESSER, C. SCHOTT, Brennstoff-Chem. **39** (1958), 321
[100] T. BALINT, Acta Chim. Acad. Sci. Hung. **31** (1962), 17
[101] L. RUZICKA, Helv. Chim. Acta **4** (1921), 505
[102] P. SABATIER, „Die Katalyse in der organischen Chemie", 1914
[103] D. ZELINSKI, Berichte **44** (1911), 3121; **58** (1925), 1298; **62** (1929), 2865
[104] A. VESTERBERG, Berichte **36** (1903), 4200
[105] O. DIELS, Berichte **69 A** (1936), 195
[106] R. T. ARNOLD, C. L. COLLINS, J. Am. Chem. Soc. **61** (1939) 1407
[107] S. R. SERGIJENKO u. a., Berichte Akad. Wiss. UdSSR (russ.) **123** (1958), 704; Nachr. Akad. Wiss. Turkmen. SSR (russ.) (1959), 10; Mitt. Erdölinst. Akad. Wiss. UdSSR (russ.) **12** (1958). 102, 117
[108] M. RANEY, U. S. Patente 1563787, 1628191, 1915437
[109] R. SCHRÖTER in: „Neuere Methoden der präparativen organischen Chemie", Herausgegeben W. Forst, Verlag Chemie, Weinheim, 1949
[110] S. R. SERGIJENKO, Mitt. Erdölinst. Akad. Wiss. UdSSR (russ.) **12** (1958), 147
[111] S. FRIEDMAN u. a., J. org. Chem. **24** (1959), 1287
[112] H. BOER u. a., Rec. trav. Chim. **77** (1958), 346; **77** (1958), 935; J. Inst. Petrol. **47** (1961), 314, 317
[113] F. MICHEEL, J. BERNSMAN, Ang. Chem. **73** (1961), 113
[114] M. JUREČEK u. a., Zeitschr. analyt. Chem. **165** (1958), 109
[115] S. G. BRANDENBERGER, L. W. MAAS, J. Droretzki, Analyt. Chem. **33** (1961), 453
[116] S. R. SERGIJENKO u. a., Mitt. Erdölinst. Akad. Wiss. UdSSR, **12** (1958), 136
[117] H. BOER, Proceedings of the 5th World Petrol., Congr., Sect. V, 1 (1955); J. Inst. Petrol. **46** (1960), 234
[118] P. G. COPELAND, R. E. DEAN, D. MCNEIL, J. Chem. Soc. (1960), 3230; (1961), 1232; (1961), 3858

Sachregister

Übersetzung wichtiger Fachausdrücke in die englische und russische Sprache

Additionsverbindung	addition compound	молекулярное соединение
Adsorptionschromatographie	adsorption chromatography	адсорбционная хроматография
Adsorptionsisotherme	adsorption isotherm	изотерма адсорбции
Anilinpunkt	aniline test	определение анилиновой точки
Anregungsenergie	energy of excitation	энергия возбуждения
Aschegehalt	ash content	содержание золы
Asymmetriewert	asymmetry value	величина асимметрии
Azeotrop	azeotrope	азеотроп
Azeotropdestillation	azeotropic distillation	азеотропная перегонка
Bandenspektrum	band spectrum	полосатый спектр
Bodenzahl	plate number	число тарелок
Bromzahl	bromine number	бромное число
Bruchstückion	fragment ion	ион осколок
Ceresin	Ceresine	церезин
Cetanzahl	cetane value	цетановое число
Clathrate	clathrate	клатрат
Deformationsschwingungen	deformation vibrations	деформационные колебания
Dehydrierung	dehydration	дегидратация
– in der Dampfphase	– in vapour phase	в паровой фазе
– in flüssiger Phase	– in liquid phase	в жидкой фазе
– mit Schwefel,	– with sulfur	серой
– mit Selen	with selenium	селеном
– mit Platinmetallen	with platinum metals	металлами платиновой группы
Detektor	detector	детектор
Dichte	density, specifi gravity	плотность, удельный вес
Dieselkraftstoff	diesel fuel	дизельное топливо

Dünnschichtchromatographie	thin-layer chromatography	тонкослойная хроматография
Düsenkraftstoff	jet aircraft fuel	реактивное топливо
Durchbruchskurve	break-through curve	кривая критической точки адсорбции
Einschleppeffekt	intrus'on effect	эффект внедрения
Einschlußverbindung	occlusion compound	соединение окклюзии
Elutionschromatographie	elution chromatography	хроматография вымывания
Elutions-Gaschromatographie	elution gas chromatography	проявительный анализ
Elutionskurve	elution curve	кривая вымывания
Engler-Ubbelohde-Destillation	Engler-Ubbleohde-distillation	лабораторная разгонка нефтепродукта по Энглеру-Убделоде
Entparaffinierung	dewaxing	депарафинизация
Entschwefelung	desulphurization	десульфурация
Erstarrungspunkt	solidification point	температура застывания
Extraktion	extraction	экстракция
Extraktivdestillation	extractive distillation	экстрактивная перегонка
Fest-Gaschromatographie	gas-solid-chromatography	газоадсорбционная хроматография
FIA-Methode	FIA-method	флуоресцентон – хроматографический метод структурно-группового анализа
Flammpunkt	flash point	температура вспышки
Flüssiggas-Analyse	liquid gas analysis	анализ сжиженного газа
Flüssig-Gaschromatographie	gas-liquid chromatography	газожидкостная хроматография
Flugzeitmassenspektrometer	time-of-flight mass spectrometer	масс-спектрометр по времени пролета
Fremdstoffe, feste	foreign substances, solid	посторонние вещества, трёрдые
Frontalchromatographie	frontal analysis	фронтальный анализ
Gas-Chromathermographie	chromathermography	хроматермография

Gas-Chromatographie	gas chromatography	газовая хроматография
Gaschromatographie, präparative	gas chromatography, preparative	газовая хроматография, препаративная
Gasmolekel	gas molecule	молекула газа
Gegenstromdestillation	counter-current distillation	противоточная перегонка
Gleichgewichtskurve	equilibrium curve	кривая равновесия
Gleichstromdestillation	continous current distilation	перегонка постоянного тока
Grundschwingung	fundamental oscillation	основное колебание
Gruppenfrequenz	group frequency	групповая частота
Härte	hardness	твердость
Harnstoffaddukt	urea adduct	аддукт мочевины
Hartasphaltgehalt	hard asphalt content	содержание твердого асфальта
Heizöle	fuel oils	нефтетопливо
Heizwert	calorific value	теплотворность
Hilfsstoff	accessory substance	вспомогательное вещество
Hochtemperatur-Gaschromatographie	hightemperature gas chromatography	высоко-температурная газовая хроматография
Hofmann-Komplex	Hofmann complex	комплекс Гофманна
Hydrierung	hydrogenation	гидрирование
Ionenquelle	ion source	ионный источник
IR-Spektroskopie	infrared spectroscopy	инфракрасная спектросокпия
Isooktan	isooctane	изооктан
Jodzahl	iodine number	йодное число
Kapillar Gaschromatographie	capillary gas chromatography	капиллярная газовая хроматография
Kennzahlkurve	curve of characteristic factors	кривая характеристических факторов
Kernresonanzspektroskopie	nuclear magnetic resonance spectroscopy	ядерная магнитная резонансная спектроскопия
Klopffestigkeit	antiknock rating	детонационная стойкость
Kolonne	column	колонка

Kombinationsschwingung	combination frequency	комбинационное колебание
Konvektionsstrom	convection current	конвекционный ток
Kristallisation	cristallisation	кристаллизация
Kurzwegdestillation	short-path distillation	молекулярная перегонка
Leistungszahl	efficiency number	число эффективности
Linienspektrum	line spectrum	линейчатый спектр
Luminosität	luminosity	излучающая способность
Massenspektrometrie	mass spectrometry	масс-спектрометрия
Mindestanforderungen	minimum specifications	минимальные спецификации
Molekelion	molecular ion	молекулярный ион
Molekülspektroskopic	molecular spectroscopy	молекулярная спектроскопия
Molekulardestillation	molecular distillation	молекулярная перегонка
Neutralisationszahl	neutralization value	число нейтрализации
Normaldestillation	normal distillation	нормальная перегонка
Ölgehalt	oil content	содержание масла
Oktanzahl	octane number	октановое число
Olefingehalt	olefine content	содержание олефинов
Öllöser	oil-solvent blend	маслянсольвентная смесь
Oxydation von Seitenketten	side chain oxydation	окисление боковых цепей
Ozonisierung	ozonization	озонирование
Paraffinausscheidung	paraffin exudation	просичичвание парафина
Paraffine	paraffins	парафиновые углеводороды
Paraffinfäller	paraffin prcipitant	осадутель парафиновых углеводородов
Papierchromatographic	paper chromatography	бумажная хроматография
– Auswertung	– evaluation	– расшифровка
– Dokumentation	– documentation	– документация
– Entwicklung	– development	– проявление

Papierchromatographie, Imprägnierung	paper chromatography, impregnation	бумажная хроматография, пропитка
–, räparative	–, preparative	–, препаративная
–, Probeaufgabe	– sampling	–, подача пробы
Penetration	penetration	пенетрация
Phase, stationäre	phase, stationary	фаза, стационарная
Pikrat	picrate	пикрат
Probengeber	sampling device	датчик проьы
Ramaneffekt	Raman effect	комбинационное рассеяние света
Ramanfrequenz	Raman frequency	частота комбинационного рассеяния света
Raman-Spektroskopie	Raman spectroscopy	спектроскопия комбинационного рассеяния света
Raney-Katalysator	Raney catalyst	катализатор Ранея
Raoultsches Gesetz	Raoult's law	закон Раулья
Resonanzfrequenz	resonance frequency	резонансная частота
Retentionsvolumen	retention volume	удерживаемый обьём
R_F-Wert	R_F-value	величина R_F
Rheologie	rheology	реология
Ringspalt	ring slit	кольцевая щель
Ringwert	ring number	ароматическое число
Rohöl, Kennzeichnung von	crude oil, characterisation	сырая нефть, характеризация
Rohöl, Klassifizierung von	crude oil, classification	сырая нефть, кассификация
Rotation	rotation	вращение
Rücklaufverhältnis	reflux ratio	флегмовое число
Salzgehalt	salt content	содержание соли
Schlüsselfraktion	key fraction	классификационная (ключевая) фракция
Schmieröl	lubricating oil	смазочное масло
Schmierung	lubrication	смазывание
Schwefelgehalt	sulphur content	содержание серы
Schwingung	oscillation	колебание
Selektivitätskoeffizient	selectivity coefficient	коэффицисит сслективности
Siedeverlauf	boiling curve	кривая разгонки
Spaltweite	slit width	ширина щели
Stockpunkt	pour point	точка застывания

Strukturgruppenanalyse	structural group analysis	структурно-групповой анализ
– von Kraftstoffen	– of fuels	– топлив
– von festen Kohlenwasserstoffen	– of solid hydrocarbons	-- твёрдых углеводородов
– von hochmolekularen Ölanteilen	– of high molecular oil components	– высокомолекулярных маслянных компонентов
– n-d-M-Analyse	– n-d-M analysis	– метод n-d-M
– Ringanalyse nach Waterman	– ring analysis after Waterman	– кольцевой анализ по Ватерману
– $\delta_{spez.}$-d-M-Methode	– $\delta_{spez.}$-d-M-method	– метод $\delta_{spez.}$-d-M
– E-d-M-Methode	– E-d-M-method	– метод E-d-M
– Methode von Terres	– Terres' method	– метод Терреса
– Methode nach Geelen	– Geelens' method	– метод Геелена
Summenwert	sum value	суммарное число
Thermodiffusionseffekt	thermal diffusion effect	эффект термодиффузии
Thermodiffusionsfaktor	thermal diffusion factor	фактор термодиффузии
Thermodiffusionsstrom	thermal diffusion current	ток термодиффузии
Thermokreislauftechnik	chromathermographic technique	хроматермографический метод
Thioharnstoffaddukt	thiourea adduct	аддукт тиомочевины
Tieftemperaturdestillation	low temperature distillation	низкотемпературная сухая перегонка
Trägerdampfdestillation	vapour carrier distillation	перегонка со вспомогательным агентом – переносчиком
Trägergas	carrier gas	газ-носитель
Trennfaktor	separation factor	коэффициент разделения
Trennflüssigkeit	stationary liquid phase	стационарная жидкая фаза
Trennleistung	column efficiency	эффективность колонки
Trennrohr	thermal diffusion pipe	разделительная трубка
Trennsäule	sparation column	разделительная колонка
Trennstufenzahl	plate number	число теоретических тарелок
Trübungspuukt	cloud point	точка помутения

Valenzschwingung	valence vibration	валентное колебание
Vakuumdestillation	vacuum distillation	вакуумная перегонка
Verdrängungschromatographie	displacement chromatography	вытеснительная хроматография
Vergaserkraftstoff	motor fuel	моторное топливо
Verstärkungsgerade	operating line	рабочая линия
Verteilung	partition	распределение
Verteilungschromatographie	partition chromatography	распределительная хроматография
Verteilungskoeffizient	partition coefficient	коэффициент распределения
Verzweigungsindex	branching ratio	отношение разветвления
V_g-Wert	V_g-value	величина-V_g
Viskosimeter	viscosimeter	визкозиметр
Viskosität	viscosity	вязкость
Viskositätsindex	viscosity index	индекс вязкости
V-T-Abhängigkeit	viscosity-temperature characteristic	вязкостно-температурная характеристика
Wasserdampfdestillation	steam distillation	перегонка с водяным паром
Werner-Komplex	Werner complex	комплекс Вернера
Zündwilligkeit	ignition performance	характеристика воспламеняемости
Z-Wert	z-value	величина Z

EBERHARD LEIBNITZ

Zur Frage der Erdölverarbeitung und ihrer Beziehungen zur chemischen Industrie in der Deutschen Demokratischen Republik

(Sitzungsberichte der Deutschen Akademie der Wissenschaften zu Berlin, Klasse für Chemie, Geologie und Biologie, Jahrgang 1959, Heft 1)

1960. 39 Seiten – 13 Abbildungen – 2 Tabellen – 8° – 2,60 MDN

Die zunehmende Erdölförderung ist die Basis des technischen und wirtschaftlichen Aufschwunges der aliphatischen organischen Chemie, der Petrolchemie, in der Industrie.
In Deutschland hat sich in den letzten 3 bis 4 Jahrzehnten eine analoge Entwicklung ohne Einsatz von Erdöl vollzogen, die von Kohle, ihren Pyrolyseprodukten und Hydrierprodukten ausgeht und zu Großanlagen der chemischen Industrie geführt hat, die seit langer Zeit ein Warensortiment anbietet, das mit den „petrochemicals" völlig identisch ist.
Das Erdöl jedoch als Ausgangspunkt ist gegenüber der Kohle ökonomischer. Die vorliegende Arbeit legt dar, inwieweit man die in der DDR angewandten Synthesewege verändern muß, um sie auf das zunehmend importierte Erdöl als Ausgangsstoff umzustellen, wobei optimale Möglichkeiten geschaffen werden sollen, die Chemiewirtschaft durch diesen Rohstoff zu ergänzen und durch besondere ökonomische Verfahren zu bereichern.

Bestellungen durch eine Buchhandlung erbeten

AKADEMIE-VERLAG · BERLIN

Die Verfasser geben in diesem Band

eine zusammenfassende Darstellung der herkömmlichen Methoden zur Charakterisierung von Rohölen und ihren Verarbeitungsprodukten

eine ausführliche Beschreibung moderner Trennverfahren für Kohlenwasserstoffgemische und Erdölprodukte, die zur vertieften Kenntnis über Erdölinhaltsstoffe führen können

Beispiele für die Anwendung derartiger Methoden, aus denen die Möglichkeiten und die Grenzen der jeweiligen Verfahren abzuschätzen sind

WISSENSCHAFTLICHE TASCHENBÜCHER

FSC
www.fsc.org
MIX
Papier | Fördert gute Waldnutzung
FSC® C083411

Zeitfracht Medien GmbH
Ferdinand-Jühlke-Straße 7
99095 Erfurt, Deutschland
produktsicherheit@kolibri360.de